安全生产“谨”囊妙计系列知识读本

个体防护知识学习读本

东方文慧　中国安全生产科学研究院　编

中国劳动社会保障出版社

图书在版编目(CIP)数据

个体防护知识学习读本/东方文慧，中国安全生产科学研究院编. —北京：中国劳动社会保障出版社，2015

ISBN 978-7-5167-1700-4

Ⅰ.①个… Ⅱ.①东…②中… Ⅲ.①个体保护装备-普及读物 Ⅳ.①X924.4-49

中国版本图书馆 CIP 数据核字(2015)第 056802 号

中国劳动社会保障出版社出版发行

(北京市惠新东街 1 号　邮政编码：100029)

*

三河市潮河印业有限公司印刷装订　　新华书店经销

880 毫米×1230 毫米　32 开本　4 印张　97 千字

2015 年 3 月第 1 版　　2024 年 5 月第 7 次印刷

定价：25.00 元

营销中心电话：400-606-6496

出版社网址：http://www.class.com.cn

编委会名单

前 言

事故是安全生产的大敌，是从业人员和企业负责人共同的敌人，安全隐患更像是躲在背后隐藏起来的敌人，随时可能给从业人员带来致命的伤害。因此，企业要像在战场上对待敌人一样对待安全生产事故，随时保持高度谨慎，更要合理利用计谋，把敌人扼杀在摇篮里，最好不战而屈人之兵，及时发现并消除安全隐患，使安全生产事故发生的可能性降到最低程度。

计者，策略、计划也，也即方法和安排。凡事预则立，不预则废，就是指做事前要进行正确方法的选择和合理、巧妙的安排，否则就会失败。这是古人的智慧，也是经过数千年在各个领域得到检验的真理，也同样适用于企业的安全生产工作。

古代军事家善用计，巧妙施计可以达到以少胜多、以弱胜强的效果，而在生产实践中，如果能够合理选择方法，再加上周密的安排，也能够达到事半功倍的效果。安全生产理论和实践都告诉我们，事故是可以预防的。因此，企业应该重视安全生产工作，将安全生产工作由事后补救改为事前预防。要达到这样的目的，企业必须花大力气进行安全生产制度建设和从业人员的安全生产培训教育，从管理和执行两个方向同时采取措施。“安全生产‘谨’囊妙计系列知识读本”着眼于企业生产一线，利用通俗易懂的语言讲述最基本的安全生产知识，使读者在短时间内即可了解到安全生产事故发生的原因和避免的方法，以及发生事故后应紧急采取的应对措施，使事故损失有效降低。通过本书的阅读，可以使作业人员的安全生产意识和水平都得到有效提升，在生产实践过程中自觉地利用所学到的知识，实现安全生产。

目 录

第一计　宏观政策作指导　劳动防护要做好
——熟读职业健康法律法规…………………… 1

第二计　劳动卫生勤注意　健康生产有奇迹
——避免工作场所职业危害因素与职业病……… 21

第三计　合理选择防护品　职业危害难发生
——配备必要的个体防护用品……………… 37

第一招　防护有三宝　首选安全帽
——头部防护装备选用 …………………… 37

第二招　噪声危害大　有备不可怕
——听力防护装备选用 …………………… 43

第三招　眼睛防伤害　勤把眼镜戴
——眼部防护装备选用 …………………… 46

第四招　呼吸不能停　防护做充分
——呼吸防护装备选用 …………………… 47

第五招　环境变化大　工服来保驾
——服装防护装备选用 …………………… 61

第六招　手套要常备　安全无缝隙
——手部防护装备选用 …………………… 75

第七招　脚蹬防护鞋　险处保安全
——足部防护装备选用 …………………………… 84
第八招　腰系安全带　高处有依赖
——坠落防护装备选用 …………………………… 94
第九招　皮肤若外露　防护要做足
——皮肤防护用品选用 …………………………… 102

第一计

宏观政策作指导 劳动防护要做好

—— 熟读职业健康法律法规

一、《安全生产法》关于个体防护的规定

第四十二条 生产经营单位必须为从业人员提供符合国家标准或者行业标准的劳动防护用品，并监督、教育从业人员按照使用规则佩戴、使用。

第四十四条 生产经营单位应当安排用于配备劳动防护用品、进行安全生产培训的经费。

第四十九条 生产经营单位与从业人员订立的劳动合同，应当载明有关保障从业人员劳动安全、防止职业危害的事项，以及依法为从业人员办理工伤保险的事项。

生产经营单位不得以任何形式与从业人员订立协议，免除或者减轻其对从业人员因生产安全事故伤亡依法应承担的责任。

第五十条 生产经营单位的从业人员有权了解其作业场所和工作岗位存在的危险因素、防范措施及事故应急措施，有权对本单位的安全生产工作提出建议。

第五十二条 从业人员发现直接危及人身安全的紧急情况时，

有权停止作业或者在采取可能的应急措施后撤离作业场所。

生产经营单位不得因从业人员在前款紧急情况下停止作业或者采取紧急撤离措施而降低其工资、福利等待遇或者解除与其订立的劳动合同。

第五十四条 从业人员在作业过程中，应当严格遵守本单位的安全生产规章制度和操作规程，服从管理，正确佩戴和使用劳动防护用品。

第五十五条 从业人员应当接受安全生产教育和培训，掌握本职工作所需的安全生产知识，提高安全生产技能，增强事故预防和应急处理能力。

第五十六条 从业人员发现事故隐患或者其他不安全因素，应当立即向现场安全生产管理人员或者本单位负责人报告；接到报告的人员应当及时予以处理。

二、《职业病防治法》关于个体防护的规定

第二条 本法适用于中华人民共和国领域内的职业病防治活动。

本法所称职业病，是指企业、事业单位和个体经济组织等用人单位的劳动者在职业活动中，因接触粉尘、放射性物质和其他有毒、有害因素而引起的疾病。

职业病的分类和目录由国务院卫生行政部门会同国务院安全生产监督管理部门、劳动保障行政部门制定、调整并公布。

第三条 职业病防治工作坚持预防为主、防治结合的方针，建立用人单位负责、行政

机关监管、行业自律、职工参与和社会监督的机制，实行分类管理、综合治理。

第四条 劳动者依法享有职业卫生保护的权利。

用人单位应当为劳动者创造符合国家职业卫生标准和卫生要求的工作环境和条件，并采取措施保障劳动者获得职业卫生保护。

工会组织依法对职业病防治工作进行监督，维护劳动者的合法权益。用人单位制定或者修改有关职业病防治的规章制度，应当听取工会组织的意见。

第五条 用人单位应当建立、健全职业病防治责任制，加强对职业病防治的管理，提高职业病防治水平，对本单位产生的职业病危害承担责任。

第六条 用人单位的主要负责人对本单位的职业病防治工作全面负责。

第七条 用人单位必须依法参加工伤保险。

国务院和县级以上地方人民政府劳动保障行政部门应当加强对工伤保险的监督管理，确保劳动者依法享受工伤保险待遇。

第十三条 任何单位和个人有权对违反本法的行为进行检举和控告。有关部门收到相关的检举和控告后，应当及时处理。

对防治职业病成绩显著的单位和个人，给予奖励。

第十四条 用人单位应当依照法律、法规要求，严格遵守国家职业卫生标准，落实职业病预防措施，从源头上控制和消除职业病危害。

第十五条 产生职业病

危害的用人单位的设立除应当符合法律、行政法规规定的设立条件外，其工作场所还应当符合下列职业卫生要求：

（一）职业病危害因素的强度或者浓度符合国家职业卫生标准；

（二）有与职业病危害防护相适应的设施；

（三）生产布局合理，符合有害与无害作业分开的原则；

（四）有配套的更衣间、洗浴间、孕妇休息间等卫生设施；

（五）设备、工具、用具等设施符合保护劳动者生理、心理健康的要求；

（六）法律、行政法规和国务院卫生行政部门、安全生产监督管理部门关于保护劳动者健康的其他要求。

第十七条 新建、扩建、改建建设项目和技术改造、技术引进项目（以下统称建设项目）可能产生职业病危害的，建设单位在可行性论证阶段应当向安全生产监督管理部门提交职业病危害预评价报告。安全生产监督管理部门应当自收到职业病危害预评价报告之日起三十日内，作出审核决定并书面通知建设单位。未提交预评价报告或者预评价报告未经安全生产监督管理部门审核同意的，有关部门不得批准该建设项目。

职业病危害预评价报告应当对建设项目可能产生的职业病危害因素及其对工作场所和劳动者健康的影响作出评价，确定危害类别和职业病防护措施。

建设项目职业病危害分类管理办法由国务院安全生产监督管理部门制定。

第十八条 建设项目的职业病防护设施所需费用应当纳入建设项目工程预算，并与主体工程同时设计，同时施工，同时投入生产和使用。

职业病危害严重的建设项目的防护设施设计，应当经安全生产监督管理部门审查，符合国家职业卫生标准和卫生要求的，方可施工。

建设项目在竣工验收前，建设单位应当进行职业病危害控制效果评价。建设项目竣工验收时，其职业病防护设施经安全生产监督管理部门验收合格后，方可投入正式生产和使用。

第十九条 职业病危害预评价、职业病危害控制效果评价由依法设立的取得国务院安全生产监督管理部门或者设区的市级以上地方人民政府安全生产监督管理部门按照职责分工给予资质认可的职业卫生技术服务机构进行。职业卫生技术服务机构所作评价应当客观、真实。

第二十条 国家对从事放射性、高毒、高危粉尘等作业实行特殊管理。具体管理办法由国务院制定。

第二十一条 用人单位应当采取下列职业病防治管理措施：

（一）设置或者指定职业卫生管理机构或者组织，配备专职或者兼职的职业卫生管理人员，负责本单位的职业病防治工作；

（二）制定职业病防治计划和实施方案；

（三）建立、健全职业卫生管理制度和操作规程；

（四）建立、健全职业卫生档案和劳动者健康监护档案；

（五）建立、健全工作场所职业病危害因素监测及评价制度；

（六）建立、健全职业病危害事故应急救援预案。

第二十二条 用人单位应当保障职业病防治所需的资金投入，不得挤占、挪用，并对因资金投入不足导致的后果承担责任。

第二十三条 用人单位必须采用有效的职业病防护设施，并为劳动者提供个人使用的职业病防护用品。

用人单位为劳动者个人提供的职业病防护用品必须符合防治职业病的要求；不符合要求的，不得使用。

第二十四条 用人单位应当优先采用有利于防治职业病和保护劳动者健康的新技术、新工艺、新设备、新材料，逐步替代职业病危害严重的技术、工艺、设备、材料。

第二十五条 产生职业病危害的用人单位，应当在醒目位置设置公告栏，公布有关职业病防治的规章制度、操作规程、职业病危害事故应急救援措施和工作场所职业病危害因素检测结果。

对产生严重职业病危害的作业岗位，应当在其醒目位置，设置警示标识和中文警示说明。警示说明应当载明产生职业病危害的种类、后果、预防以及应急救治措施等内容。

第二十六条 对可能发生急性职业损伤的有毒、有害工作场所，用人单位应当设置报警装置，配置现场急救用品、冲洗设备、应急撤离通道和必要的泄险区。

对放射工作场所和放射性同位素的运输、储存，用人单位必须配置防护设备和报警装置，保证接触放射线的工作人员佩戴个人剂量计。

对职业病防护设备、应急救援设施和个人使用的职业病防护用品，用人单位应当进行经常性的维护、检修，定期检测其性能和效果，确保其处于正常状态，不得擅自拆除或者停止使用。

第二十七条 用人单位应当实施由专人负责的职业病危害因素日常监测，并确保监测系统处于正常运行状态。

用人单位应当按照国务院安全生产监督管理部门的规定，定期对工作场所进行职业病危害因素检测、评价。检测、评价结果存入用人单位职业卫生档案，定期向所在地安全生产监督管理部门报告并向劳动者公布。

职业病危害因素检测、评价由依法设立的取得国务院安全生产监督管理部门或者设区的市级以上地方人民政府安全生产监督管理部门按照职责分工给予资质认可的职业卫生技术服务机构进行。职业卫生技术服务机构所作检测、评价应当客观、真实。

发现工作场所职业病危害因素不符合国家职业卫生标准和卫生要求时，用人单位应当立即采取相应治理措施，仍然达不到国家职业卫生标准和卫生要求的，必须停止存在职业病危害因素的作业；职业病危害因素经治理后，符合国家职业卫生标准和卫生要求的，方可重新作业。

第三十一条 任何单位和个人不得生产、经营、进口和使用国家明令禁止使用的可能产生职业病危害的设备或者材料。

第三十二条 任何单位和个人不得将产生职业病危害的作业转移给不具备职业病防护条件的单位和个人。不具备职业病防护条件的单位和个人不得接受产生职业病危害的作业。

第三十三条 用人单位对采用的技术、工艺、设备、材料，应当知悉其产生的职业病危害，对有职业病危害的技术、工艺、设备、材料隐瞒其危害而采用的，对所造成的职业病危害后果承担责任。

第三十四条 用人单位与劳动者订立劳动合同（含聘用合同，下同）时，应当将工作过程中可能产生的职业病危害及其后果、职业病防护措施和待遇等如实告知劳动者，并在劳动合同中写明，不得隐瞒或者欺骗。

劳动者在已订立劳动合同期间因工作岗位或者工作内容变更，从事与所订立劳动合同中未告知的存在职业病危害的作业时，用人单位应当依照前款规定，向劳动者履行如实告知的义务，并协商变更原劳动合同相关条款。

用人单位违反前两款规定的，劳动者有权拒绝从事存在职业病危害的作业，用人单位不得因此解除与劳动者所订立的劳动合同。

第三十五条 用人单位的主要负责人和职业卫生管理人员应当接受职业卫生培训，遵守职业病防治法律、法规，依法组织本单位的职业病防治工作。

用人单位应当对劳动者进行上岗前的职业卫生培训和在岗期

间的定期职业卫生培训，普及职业卫生知识，督促劳动者遵守职业病防治法律、法规、规章和操作规程，指导劳动者正确使用职业病防护设备和个人使用的职业病防护用品。

劳动者应当学习和掌握相关的职业卫生知识，增强职业病防范意识，遵守职业病防治法律、法规、规章和操作规程，正确使用、维护职业病防护设备和个人使用的职业病防护用品，发现职业病危害事故隐患应当及时报告。

劳动者不履行前款规定义务的，用人单位应当对其进行教育。

第三十六条 对从事接触职业病危害的作业的劳动者，用人单位应当按照国务院安全生产监督管理部门、卫生行政部门的规定组织上岗前、在岗期间和离岗时的职业健康检查，并将检查结果书面告知劳动者。职业健康检查费用由用人单位承担。

用人单位不得安排未经上岗前职业健康检查的劳动者从事接触职业病危害的作业；不得安排有职业禁忌的劳动者从事其所禁忌的作业；对在职业健康检查中发现有与所从事的职业相关的健康损害的劳动者，应当调离原工作岗位，并妥善安置；对未进行离岗前职业健康检查的劳动者不得解除或者终止与其订立的劳动合同。

职业健康检查应当由省级以上人民政府卫生行政部门批准的医疗卫生机构承担。

第三十七条 用人单位应当为劳动者建立职业健康监护档案，并按照规定的期限妥善保存。

职业健康监护

档案应当包括劳动者的职业史、职业病危害接触史、职业健康检查结果和职业病诊疗等有关个人健康资料。

劳动者离开用人单位时，有权索取本人职业健康监护档案复印件，用人单位应当如实、无偿提供，并在所提供的复印件上签章。

第三十八条 发生或者可能发生急性职业病危害事故时，用人单位应当立即采取应急救援和控制措施，并及时报告所在地安全生产监督管理部门和有关部门。安全生产监督管理部门接到报告后，应当及时会同有关部门组织调查处理；必要时，可以采取临时控制措施。卫生行政部门应当组织做好医疗救治工作。

对遭受或者可能遭受急性职业病危害的劳动者，用人单位应当及时组织救治、进行健康检查和医学观察，所需费用由用人单位承担。

第三十九条 用人单位不得安排未成年工从事接触职业病危害的作业；不得安排孕期、哺乳期的女职工从事对本人和胎儿、婴儿有危害的作业。

第四十条 劳动者享有下列职业卫生保护权利：

（一）获得职业卫生教育、培训；

（二）获得职业健康检查、职业病诊疗、康复等职业病防治服务；

（三）了解工作场所产生或者可能产生的职业病危害因素、危害后果和应当采取的职业病防护措施；

（四）要求用人单位提供符合防治职业病要求的职业病防护设施和个人使用的职业病防护用品，改善工作条件；

（五）对违反职业病防治法律、法规以及危及生命健康的行为提出批评、检举和控告；

（六）拒绝违章指挥和强令进行没有职业病防护措施的作业；

（七）参与用人单位职业卫生工作的民主管理，对职业病防治工作提出意见和建议。

用人单位应当保障劳动者行使前款所列权利。因劳动者依法行使正当权利而降低其工资、福利等待遇或者解除、终止与其订立的劳动合同的，其行为无效。

第四十二条 用人单位按照职业病防治要求，用于预防和治理职业病危害、工作场所卫生检测、健康监护和职业卫生培训等费用，按照国家有关规定，在生产成本中据实列支。

第四十五条 劳动者可以在用人单位所在地、本人户籍所在地或者经常居住地依法承担职业病诊断的医疗卫生机构进行职业病诊断。

第四十六条 职业病诊断标准和职业病诊断、鉴定办法由国务院卫生行政部门制定。职业病伤残等级的鉴定办法由国务院劳动保障行政部门会同国务院卫生行政部门制定。

第四十八条 用人单位应当如实提供职业病诊断、鉴定所需的劳动者职业史和职业病危害接触史、工作场所职业病危害因素检测结果等资料；安全生产监督管理部门应当监督检查和督促用人单位提供上述资料；劳动者和有关机构也应当提供与职业病诊断、鉴定有关的资料。

职业病诊断、鉴定机构需要了解工作场所职业病危害因素情况时，可以对工作场所进行现场调查，也可以向安全生产监督管理部门提出，安全生产监督管理部门应当在十日内组织现场调查。用人单位不得拒绝、阻挠。

第四十九条 职业病诊断、鉴定过程中，用人单位不提供工作场所职业病危害因素检测结果等资料的，诊

断、鉴定机构应当结合劳动者的临床表现、辅助检查结果和劳动者的职业史、职业病危害接触史，并参考劳动者的自述、安全生产监督管理部门提供的日常监督检查信息等，作出职业病诊断、鉴定结论。

劳动者对用人单位提供的工作场所职业病危害因素检测结果等资料有异议，或者因劳动者的用人单位解散、破产，无用人单位提供上述资料的，诊断、鉴定机构应当提请安全生产监督管理部门进行调查，安全生产监督管理部门应当自接到申请之日起三十日内对存在异议的资料或者工作场所职业病危害因素情况作出判定；有关部门应当配合。

第五十条 职业病诊断、鉴定过程中，在确认劳动者职业史、职业病危害接触史时，当事人对劳动关系、工种、工作岗位或者在岗时间有争议的，可以向当地的劳动人事争议仲裁委员会申请仲裁；接到申请的劳动人事争议仲裁委员会应当受理，并在三十日内作出裁决。

当事人在仲裁过程中对自己提出的主张，有责任提供证据。劳动者无法提供由用人单位掌握管理的与仲裁主张有关的证据的，仲裁庭应当要求用人单位在指定期限内提供；用人单位在指定期限内不提供的，应当承担不利后果。

劳动者对仲裁裁决不服的，可以依法向人民法院提起诉讼。

用人单位对仲裁裁决不服的，可以在职业病诊断、鉴定程序结束之日起十五日内依法向人民法院提起诉讼；诉讼期间，劳动者的治疗费用按照职业病待遇规定的途径支付。

第五十一条 用人单位和医疗卫生机构发现职业病病人或者疑似职业病病人时，应当及时向所在地卫生行政部门和安全生产监督管理部门报告。确诊为职业病的，用人单位还应当向所在地劳动保障行政部门报告。接到报告的部门应当依法作出处理。

第五十三条 当事人对职业病诊断有异议的，可以向作出诊断的医疗卫生机构所在地地方人民政府卫生行政部门申请鉴定。

职业病诊断争议由设区的市级以上地方人民政府卫生行政部门根据当事人的申请，组织职业病诊断鉴定委员会进行鉴定。

当事人对设区的市级职业病诊断鉴定委员会的鉴定结论不服的，可以向省、自治区、直辖市人民政府卫生行政部门申请再鉴定。

第五十七条 用人单位应当保障职业病病人依法享受国家规定的职业病待遇。

用人单位应当按照国家有关规定，安排职业病病人进行治疗、康复和定期检查。

用人单位对不适宜继续从事原工作的职业病病人，应当调离原岗位，并妥善安置。

用人单位对从事接触职业病危害的作业的劳动者，应当给予适当岗位津贴。

第五十八条 职业病病人的诊疗、康复费用，伤残以及丧失劳动能力的职业病病人的社会保障，按照国家有关工伤保险的规定执行。

第五十九条 职业病病人除依法享有工伤保险外，依照有关民事法律，尚有获得赔偿的权利的，有权向用人单位提出赔偿要求。

第六十条 劳动者被诊断患有职业病，但用人单位没有依法参加工伤保险的，其医疗和生活保障由该用人单位承担。

第六十一条 职业病病人变动工作单位，其依法享有的待遇不变。

用人单位在发生分立、合并、解散、破产等情形时，应当对从事接触职业病危害的作业的劳动者进行健康检查，并按照国家有关规定妥善安置职业病病人。

第六十二条 用人单位已经不存在或者无法确认劳动关系的职业病病人，可以向地方人民政府民政部门申请医疗救助和生活等方面的救助。

地方各级人民政府应当根据本地区的实际情况，采取其他措施，使前款规定的职业病病人获得医疗救治。

第七十一条 违反本法规定，有下列行为之一的，由安全生产监督管理部门给予警告，责令限期改正；逾期不改正的，处十万元以下的罚款：

（一）工作场所职业病危害因素检测、评价结果没有存档、上报、公布的；

（二）未采取本法第二十一条规定的职业病防治管理措施的；

（三）未按照规定公布有关职业病防治的规章制度、操作规程、职业病危害事故应急救援措施的；

（四）未按照规定组织劳动者进行职业卫生培训，或者未对劳动者个人职业病防护采取指导、督促措施的；

（五）国内首次使用或者首次进口与职业病危害有关的化学材料，未按照规定报送毒性鉴定资料以及经有关部门登记注册或者批准进口的文件的。

第七十二条 用人单位违反本法规定，有下列行为之一的，由安全生产监督管理部门责令限期改正，给予警告，可以并处五万元以上十万元以下的罚款：

（一）未按照规定及时、如实向安全生产监督管理部门申报产生职业病危害的项目的；

（二）未实施由专人负责的职业病危害因素日常监测，或者监测系统不能正常监测的；

（三）订立或者变更劳动合同时，未告知劳动者职业病危害真实情况的；

（四）未按照规定组织职业健康检查、建立职业健康监护档案或者未将检查结果书面告知劳动者的；

（五）未依照本法规定在劳动者离开用人单位时提供职业健康监护档案复印件的。

第七十三条 用人单位违反本法规定，有下列行为之一的，由安全生产监督管理部门给予警告，责令限期改正；逾期不改正的，处五万元以上二十万元以下的罚款；情节严重的，责令停止产生职业病危害的作业，或者提请有关人民政府按照国务院规定的权限责令关闭：

（一）工作场所职业病危害因素的强度或者浓度超过国家职业卫生标准的；

（二）未提供职业病防护设施和个人使用的职业病防护用品，或者提供的职业病防护设施和个人使用的职业病防护用品不符合国家职业卫生标准和卫生要求的；

（三）对职业病防护设备、应急救援设施和个人使用的职业病防护用品未按照规定进行维护、检修、检测，或者不能保持正常运行、使用状态的；

（四）未按照规定对工作场所职业病危害因素进行检测、评价的；

（五）工作场所职业病危害因素经治理仍然达不到国家职业卫生标准和卫生要求时，未停止存在职业病危害因素的作业的；

（六）未按照规定安排职业病病人、疑似职业病病人进行诊治的；

（七）发生或者可能发生急性职业病危害事故时，未立即采取应急救援和控制措施或者未按照规定及时报告的；

（八）未按照规定在产生严重职业病危害的作业岗位醒目位置设置警示标识和中文警示说明的；

（九）拒绝职业卫生监督管理部门监督检查的；

（十）隐瞒、伪造、篡改、毁损职业健康监护档案、工作场所职业病危害因素检测评价结果等相关资料，或者拒不提供职业病诊断、鉴定所需资料的；

（十一）未按照规定承担职业病诊断、鉴定费用和职业病病人的医疗、生活保障费用的。

第七十四条 向用人单位提供可能产生职业病危害的设备、材料，未按照规定提供中文说明书或者设置警示标识和中文警示说明的，由安全生产监督管理部门责令限期改正，给予警告，并处五万元以上二十万元以下的罚款。

第七十五条 用人单位和医疗卫生机构未按照规定报告职业病、疑似职业病的，由有关主管部门依据职责分工责令限期改正，给予警告，可以并处一万元以下的罚款；弄虚作假的，并处二万元以上五万元以下的罚款；对直接负责的主管人员和其他直接责任人员，可以依法给予降级或者撤职的处分。

第七十六条 违反本法规定，有下列情形之一的，由安全生产监督管理部门责令限期治理，并处五万元以上三十万元以下的罚款；情节严重的，责令停止产生职业病危害的作业，或者提请有关人民政府按照国务院规定的权限责令关闭：

（一）隐瞒技术、工艺、设备、材料所产生的职业病危害而采用的；

（二）隐瞒本单位职业卫生真实情况的；

（三）可能发生急性职业损伤的有毒、有害工作场所、放射工作场所或者放射性同位素的运输、储存不符合本法第二十六条规定的；

（四）使用国家明令禁止使用的可能产生职业病危害的设备或者材料的；

（五）将产生职业病危害的作业转移给没有职业病防护条件的单位和个人，或者没有职业病防护条件的单位和个人接受产生职业病危害的作业的；

（六）擅自拆除、停止使用职业病防护设备或者应急救援设施的；

（七）安排未经职业健康检查的劳动者、有职业禁忌的劳动者、未成年工或者孕期、哺乳期女职工从事接触职业病危害的作业或者禁忌作业的；

（八）违章指挥和强令劳动者进行没有职业病防护措施的作业的。

第七十七条 生产、经营或者进口国家明令禁止使用的可能产生职业病危害的设备或者材料的，依照有关法律、行政法规的规定给予处罚。

第七十八条 用人单位违反本法规定，已经对劳动者生命健康造成严重损害的，由安全生产监督管理部门责令停止产生职业病危害的作业，或者提请有关人民政府按照国务院规定的权限责令关闭，并处十万元以上五十万元以下的罚款。

第七十九条 用人单位违反本法规定，造成重大职业病危害事故或者其他严重后果，构成犯罪的，对直接负责的主管人员和其他直接责任人员，依法追究刑事责任。

第八十七条 本法下列用语的含义：

职业病危害，是指对从事职业活动的劳动者可能导致职业病的各种危害。职业病危害因素包括：职业活动中存在的各种有害的化学、物理、生物因素以及在作业过程中产生的其他职业有害因素。

职业禁忌，是指劳动者从事特定职业或者接触特定职业病危害因素时，比一般职业人群更易于遭受职业病危害和罹患职业病或者可能导致原有自身疾病病情加重，或者在从事作业过程中诱发可能导致对他人生命健康构成危险的疾病的个人特殊生理或者病理状态。

三、《劳动法》关于个体防护的规定

第三条 劳动者享有平等就业和选择职业的权利、取得劳动报酬的权利、休息休假的权利、获得劳动安全卫生保护的权利、接受职业技能培训的权利、享受社会保险和福利的权利、提请劳动争议处理的权利以及法律规定的其他劳动权利。

劳动者应当完成劳动任务，提高职业技能，执行劳动安全卫生规程，遵守劳动纪律和职业道德。

第四条 用人单位应当依法建立和完善规章制度，保障劳动者享有劳动权利和履行劳动义务。

第三十三条 企业职工一方与企业可以就劳动报酬、工作时间、休息休假、劳动安全卫生、保险福利等事项，签订集体合同。集体合同草案应当提交职工代表大会或者全体职工讨论通过。

集体合同由工会代表职工与企业签订；没有建立工会的企业，由职工推举的代表与企业签订。

第五十二条 用人单位必须建立、健全劳动安全卫生制度，严格执行国家劳动安全卫生规程和标准，对劳动者进行劳动安全卫生教育，防止劳动过程中的事故，减少职业危害。

第五十三条 劳动安全卫生设施必须符合国家规定的标准。

新建、改建、扩建工程的劳动安全卫生设施必须与主体工程同时设计、同时施工、同时投入生产和使用。

第五十四条 用人单位必须为劳动者提供符合国家规定的劳动安全卫生条件和必要的劳动防护用品，对从事有职业危害作业的劳动者应当定期进行健康检查。

第五十六条 劳动者在劳动过程中必须严格遵守安全操作规程。

劳动者对用人单位管理人员违章指挥、强令冒险作业，有权拒绝执行；对危害生命安全和身体健康的行为，有权提出批评、检举和控告。

第九十二条 用人单位的劳动安全设施和劳动卫生条件不符合国家规定或者未向劳动者提供必要的劳动防护用品和劳动保护设施的，由劳动行政部门或者有关部门责令改正，可以处以罚款；情节严重的，提请县级以上人民政府决定责令停产整顿；对事故隐患不采取措施，致使发生重大事故，造成劳动者生命和财产损失的，对责任人员比照刑法第一百八十七条的规定追究刑事责任。

四、《劳动合同法》关于个体防护的规定

第四条 用人单位应当依法建立和完善劳动规章制度，保障劳动者享有劳动权利、履行劳动义务。

用人单位在制定、修改或者决定有关劳动报酬、工作时间、休息休假、劳动安全卫生、保险福利、职工培训、劳动纪律以及劳动定额管理等直接涉及劳动者切身利益的规章制度或者重大事项时，应当经职工代表大会或者全体职工讨论，提出方案和意见，与工会或者职工代表平等协商确定。

在规章制度和重大事项决定实施过程中，工会或者职工认为不适当的，有权向用人单位提出，通过协商予以修改完善。

用人单位应当将直接涉及劳动者切身利益的规章制度和重大事项决定公示，或者告知劳动者。

第八条 用人单位招用劳动者时，应当如实告知劳动者工作内容、工作条件、工作地点、职业危害、安全生产状况、劳动报酬，以及劳动者要求了解的其他情况；用人单位有权了解劳动者与劳动合同直接相关的基本情况，劳动者应当如实说明。

第十七条 劳动合同应当具备以下条款：

（一）用人单位的名称、住所和法定代表人或者主要负责人；

（二）劳动者的姓名、住址和居民身份证或者其他有效身份证件号码；

（三）劳动合同期限；

（四）工作内容和工作地点；

（五）工作时间和休息休假；

（六）劳动报酬；

（七）社会保险；

（八）劳动保护、劳动条件和职业危害防护；

（九）法律、法规规定应当纳入劳动合同的其他事项。

劳动合同除前款规定的必备条款外，用人单位与劳动者可以约定试用期、培训、保守秘密、补充保险和福利待遇等其他事项。

第三十二条 劳动者拒绝用人单位管理人员违章指挥、强令冒险作业的，不视为违反劳动合同。

劳动者对危害生命安全和身体健康的劳动条件，有权对用人单位提出批评、检举和控告。

第四十二条 劳动者有下列情形之一的，用人单位不得依照本法第四十条、第四十一条的规定解除劳动合同：

（一）从事接触职业病危害作业的劳动者未进行离岗前职业健康检查，或者疑似职业病病人在诊断或者医学观察期间的；

（二）在本单位患职业病或者因工负伤并被确认丧失或者部分丧失劳动能力的；

（三）患病或者非因工负伤，在规定的医疗期内的；

（四）女职工在孕期、产期、哺乳期的；

（五）在本单位连续工作满十五年，且距法定退休年龄不足

五年的；

（六）法律、行政法规规定的其他情形。

第四十五条 劳动合同期满，有本法第四十二条规定情形之一的，劳动合同应当续延至相应的情形消失时终止。但是，本法第四十二条第二项规定丧失或者部分丧失劳动能力劳动者的劳动合同的终止，按照国家有关工伤保险的规定执行。

第六十二条 用工单位应当履行下列义务：

（一）执行国家劳动标准，提供相应的劳动条件和劳动保护；

（二）告知被派遣劳动者的工作要求和劳动报酬；

（三）支付加班费、绩效奖金，提供与工作岗位相关的福利待遇；

（四）对在岗被派遣劳动者进行工作岗位所必需的培训；

（五）连续用工的，实行正常的工资调整机制。

用工单位不得将被派遣劳动者再派遣到其他用人单位。

第二计

劳动卫生勤注意 健康生产有奇迹

——避免工作场所职业危害因素与职业病

一、职业危害的分类及识别

1. 职业危害的分类

职业危害是指从业人员在职业活动过程中因接触有毒有害物质和遇到各种不安全因素而有损于健康的危害。职业危害因素按其来源可分为以下几种：

（1）化学因素。化学因素指在生产中接触到的原料、中间产品、成品和生产过程中产生的废气、废水、废渣等。化学性有害因素分为生产性毒物和生产性粉尘两大类。生产性毒物可以分为窒息性毒物（硫化氢、一氧化碳等）、刺激性毒物（光气、氨气、二氧化硫等）、液体性毒物（苯、苯的硝基化合物等）和神经性毒物（铅、汞、有机磷农药等）。它们主要通过呼吸道（特殊情况下通过消化道或通过皮肤）侵入人体，对人体的组织、器官产生毒副作用，再依毒性的不同对人体的神经系统、血液系统、呼吸系统、消化系统、骨组织等产生作用。除了产生局部刺激和腐蚀作用及中毒现象以外，还可能对人体产生致突变作用、致癌作用、致畸作用等。

（2）物理因素。不良物理因素包括：异常环境条件如高温、低温、高湿、高压等；生产性噪声、振动；电离辐射如X射线、中子流等；非电离辐射如强光照、紫外线、红外线微波、激光等。

（3）生物因素。生物性有害因素主要是生产原料和作业环境中存在的致病微生物和寄生虫，如炭疽杆菌、霉菌、真菌、病毒等，生物病原物对医务人员的职业传染是医务工作者的主要职业危害之一。

2. 职业危害的识别

（1）危险、有害物质的识别：

1）危险、有害物质。危险、有害物质分为以下9类：

①易燃、易爆物质：引燃、引爆后在短时间内释放出大量能量的物质。由于其具有迅速释放能量的性质而产生危害，或者是因其爆炸或燃烧而产生的物质造成危害（如有机溶剂）。

②有害物质：通过皮肤的接触、呼吸吸入或食入后，对健康产生危害的物质。

③刺激性物质：对皮肤及呼吸道有不良影响的物质。某些人对刺激性物质反应强烈，且可能引起过敏反应。

④腐蚀性物质：通过化学的方式伤害人体及材料的物质（如强酸、强碱等）。腐蚀性物质的危险、有害因素包括两个方面：对人的化学灼伤和腐蚀性物质作用于物质表面而造成腐蚀、损坏。腐蚀性物质可分为无机酸、有机酸、无机碱、有机碱、其他有机或无机腐蚀性物质五类。腐蚀的种类包括电化学腐蚀和化学腐蚀两大类。

⑤有毒物质：指以较小剂量作用于生物体，能使生物体的生

理功能或机体正常结构发生暂时性或永久性病理改变，甚至死亡的物质，如氯化物溶剂及重金属。有毒物质的毒性与物质的溶解度、挥发性和化学结构等有关，一般而言，物质的溶解度越高、挥发性越强、化学结构越复杂，其毒性就越大。

⑥致癌、致突变、致畸物质：阻碍人体细胞的正常发育生长，致癌物造成或促使不良细胞的发育，如造成非正常胎儿的生长，造成先天缺陷；致突变物质干扰细胞发育，造成后代的变化。

⑦造成缺氧的物质：蒸汽或其他气体，造成空气中氧气成分的减少或者阻碍人体有效地吸入氧气。

⑧麻醉物质：如有机溶剂等，麻醉作用使脑功能下降。

⑨氧化剂：在与其他物质，尤其是易燃物接触时导致放热反应的物质。

2）生产性粉尘。生产过程中，如果长时间在粉尘作业环境中工作并吸入粉尘，就会引起肺部组织纤维化、硬化，丧失呼吸功能，导致肺病甚至尘肺病。粉尘还会引起刺激性疾病、急性中毒或癌症。爆炸性粉尘在空气中达到一定的浓度时，遇到火源会发生爆炸。

生产性粉尘主要产生在开采、破碎、筛分、包装、配料、混合、搅拌、散粉装卸、输送及除尘等生产过程。

（2）工业噪声与振动危险、有害因素的识别。噪声能引起职业性耳聋或引起神经衰弱、心血管疾病及消化系统等疾病的发生，会使操作人员的失误率上升，严重情况下，还会导致事故的发生。

工业噪声可分为机械噪声、空气动力性噪声和电磁噪声三类。

噪声危害的识别主要根据已掌握的机械设备或作业场所的噪声确定噪声源和声级。

振动危害有全身振动和局部振动，可导致中枢神经、植物性神经功能紊乱、血压升高，也会导致设备、部件的损坏。

振动危害的识别则应先找出产生振动的设备，然后根据国家标准参照类比资料确定振动的强度及范围。

（3）温度与湿度危险、有害因素的识别：

1）温度、湿度的危险有害性。温度、湿度的危险、危害主要表现为以下几种情况：

①高温、高湿环境会引起中暑，会加速有毒物质吸收，导致操作失误率升高，易发生事故，低温可引发冻伤。

②温度急剧变化时，由于热胀冷缩，造成材料变形或热应力过大，导致材料破坏，在低温下金属会发生晶形转变，甚至引起破裂而引发事故。

③高温、高湿的环境会加速材料的腐蚀。

④高温环境可使火灾危险性增大。

2）生产性热源。生产性热源主要包括以下几种：

①工业窑炉，如冶炼炉、焦炉、加热炉、锅炉等。

②电热设备，如电阻炉、工频炉等。

③高温工件（如铸锻件）、高温液体（如导热油、热水）等。

④高温气体，如蒸汽、热风、热烟气等。

（4）辐射危险、有害因素的识别。随着科学技术的进步，在化学反应、金属加工、医疗设备、测量与控制等领域，接触和使用各种辐射能的场合越来越多，因此存在一定的辐射危害。辐射主要分为电离辐射（如 α 粒子、β 粒子、粒子和中子等）和非电离辐射（如紫外线、射频电磁波、微波等）两类。

电离辐射伤害是由 α、β、γ 等粒子和中子高剂量的放射性作用所造成的。射频辐射危险、有害因素主要表现为射频致热效应和非致热效应两个方面。

二、职业病

1. 职业病的分类

职业病是指企业、事业单位和个体经济组织的劳动者在职业活动中，因接触粉尘、放射性物质和其他有毒、有害物质等因素而引起的疾病。各国法律都有对于职业病预防方面的规定，一般来说，凡是符合法律规定的疾病才能称为职业病。

2013 年 12 月 23 日，国家卫生计生委、人力资源社会保障部、国家安全生产监督管理总局、全国总工会四部门联合印发《职业病分类和目录》。该《分类和目录》将职业病分为 10 类 132 种，包括：

（1）职业性尘肺病及其他呼吸系统疾病（如矽肺、煤工尘肺等 19 种）。

（2）职业性皮肤病（如接触性皮炎、电光性皮炎等 9 种）。

（3）职业性眼病（如化学性眼部灼伤、白内障等 3 种）。

（4）职业性耳鼻喉口腔疾病（如噪声聋、铬鼻病等 4 种）。

（5）职业性化学中毒（如汞及其化合物中毒、氯气中毒等 60 种）。

（6）物理因素所致职业病（如中暑、减压病等 7 种）。

（7）职业性放射性疾病（如外照射急性放射病、内照射放射病等 11 种）。

（8）职业性传染病（如炭疽、森林脑炎等 5 种）。

（9）职业性肿瘤（如石棉所致肺癌、苯所致白血病等 11 种）。

（10）其他职业病（如金属烟热、井下工人滑囊炎等 3 种）。

2. 从业人员在职业病防治方面的权利和义务

（1）从业人员在职业病防治方面的主要权利有：

1）从业人员有权要求用人单位依法为其办理工伤保险。

2）从业人员有权要求用人单位为其提供符合国家职业卫生标准和卫生要求的工作环境和条件，提供符合职业病防治要求的个人防护用品，采取措施保障从业人员获得职业卫生保护。

3）从业人员有权知晓工作过程中可能产生的职业病危害及其后果、职业病防护措施和待遇等。用人单位应在签订劳动合同或者工作岗位变更时如实告知从业人员，并在劳动合同中写明，不得隐瞒或者欺骗。用人单位违反规定的，从业人员有权拒绝从事存在职业病危害的作业，用人单位不得因此解除与其所订立的劳动合同。

4）从业人员有权要求用人单位对其进行上岗前的职业卫生培训和在岗期间的定期职业卫生培训，普及职业卫生知识，指导正确使用职业病防护设备及个人用品。

5）对从事接触职业病危害的从业人员，有权要求用人单位按规定组织其进行上岗前、在岗期间和离岗时的职业健康检查，并书面告知检查结果。职业健康检查费用由用人单位承担。用人单位不得安排未经上岗前职业健康检查的从业人员从事接触职业病危害的作业；不得安排有职业禁忌的从业人员从事其所禁忌的作业；对在职业健康检查中发现有与所从事的职业相关的健康损害的从业人员，应当调离原工作岗位，并妥善安置；对未进行离岗前职业健康检查的从业人员不得解除或者终止与其订立的劳动合同。

6）从业人员有权要求用人单位为其建立职业健康监护档案，并按照规定的期限妥善保存。职业健康监护档案应当包括从业人员的职业史、职业病危害接触史、职业健康检查结果和职业病诊疗等有关个人健康资料。从业人员离开用人单位时，有权索取本人职业健康监护档案复印件，用人单位应当如实、无偿提供，并在所提供的复印件上签章。

7）从业人员依法享受国家规定的职业病待遇。职业病病人的诊疗、康复费用，伤残以及丧失劳动能力的职业病病人的社会保障，按照国家有关工伤保险的规定执行。职业病病人除依法享有工伤保险外，依照有关民事法律，尚有获得赔偿的权利的，有权向用人单位提出赔偿要求。

（2）从业人员在职业病防治方面的主要义务有：学习和掌握相关的职业卫生知识，增强职业病防范意识，遵守职业病防治法律、法规、规章和操作规程，正确使用、维护职业病防护设备和个人使用的职业病防护用品，发现职业病危害事故隐患应当及时报告。

三、职业危害防护技术

无论职业安全健康管理多么完善，都不能完全消除职业危害对人员的伤害，生产过程还是会有意外事故发生。因此，作业人员佩戴的个体防护装备，是作业者安全和健康保护的最后一道防线。个体防护装备又称劳动防护用品，是指劳动者在生产过程中免遭或减轻事故伤害和职业危害而提供的个人随身佩戴的用品。

个体防护装备在生产劳动过程中是必不可少的生产性装备。在生产工作场所，应根据工作环境和作业特点，穿戴能保护自己生命安全和健康的防护装备。防护装备的作用是使用一定的屏蔽体或系带、浮体，采用隔离、封闭、吸收、分散、悬浮等手段，保护机体或全身免受外界危险的侵害。

1. 个体防护装备的分类

我国对劳动防护用品采用以人体防护部位为法定分类标准，共分为九大类：头部防护用品、呼吸器官防护用品、眼面部防护用品、听觉器官防护用品、手部防护用品、足部防护用品、躯体防护用品、防坠落用品及其他劳动防护用品等。

（1）头部防护用品。头部防护用品是指为了防御头部不受外来物体打击和其他因素危害而配备的个体防护装备。根据防护功能要求，主要有一般防护帽、防尘帽、防水帽、防寒帽、安全帽、防静电帽、防高温帽、防电磁辐射帽、防昆虫帽等。

（2）呼吸器官防护用品。呼吸器官防护用品是指为防御有害气体、蒸气、粉尘、烟、雾经呼吸道吸入，或直接向使用者供氧或清洁空气，保证尘、毒污染或缺氧环境中劳动者能正常呼吸的防护用具。呼吸器官防护用品主要分为防颗粒物呼吸器（防尘口罩）和防毒面具两类，按功能又可分为过滤式和隔离式两类。

（3）眼面部防护用品。眼面部防护用品是预防烟雾、尘粒、金属火花和飞屑、热、电磁辐射、激光、化学飞溅物等因素伤害眼睛或面部的个体防护用品。根据防护功能，眼面部防护用品大致可分为防尘、防水、防冲击、防高温、防电磁辐射、防放射线、防化学飞溅、防风沙、防强光等。

（4）听觉器官防护用品。听觉器官防护用品是能阻止过量的声能侵入外耳道，使人耳避免噪声的过度刺激，减少听力损失，预防由噪声对人体引起的不良影响的个体防护用品。主要包括耳塞、耳罩、防噪声耳帽等。

（5）手部防护用品。手部防护用品是具有保护手和手臂功能的个体防护用品，通常称为劳动防护手套。按照功能可以分为一般防护手套、防水手套、防寒手套、防毒手套、防静电手套、防高温手套、防 X 射线手套、防酸碱手套、防油手套、防振手套、防切割手套、绝缘手套等。

（6）足部防护用品。足部防护用品是防止生产过程中有害物质和能量损伤劳动者足部的护具，通常称为劳动防护鞋。按照防护功能可分为防寒鞋、保护足趾鞋、防静电鞋、防高温鞋、防化学品鞋、防油鞋、防滑鞋、防刺穿鞋、电绝缘鞋、防振鞋等。

（7）躯体防护用品。躯体防护用品即防护服，根据防护服的防护功能，分为一般防护服、防水服、防寒服、防砸背心、防毒服、阻燃服、防静电服、防高温服、防电磁辐射服、化学品防护服、防油服、水上救生衣、防昆虫服、防风沙服等。

（8）防坠落用品。防坠落用品是防止人体从高处坠落的整体及个体防护用品，分为个人防护用品和作业面防护用品。个人防护用品是通过绳带将高处作业者的身体系在固定物体上，主要产品有安全带；作业面防护用品是在作业场所的边缘下方张网，以防不慎坠落，有安全平网和安全立网两种。

（9）其他劳动防护用品。护肤用品用于防止皮肤（主要是面、手等外露部分）免受化学、物理等因素危害的个体防护用品，按照其防护功能，护肤用品可分为防毒、防腐、放射线、防油漆及其他几类。

2. 个体防护装备配备管理制度

各生产经营单位应根据本企业的具体情况、安全生产和防止职业性危害（职业病）的需要，按照不同工种、不同劳动环境和条件，为职工配备、发放相应防护功能的个体防护装备。

（1）个体防护装备的配备和使用是生产经营单位实现安全生产和防止职业性危害的一项重要的预防性保护措施，不得随意变更发放范围和标准。

（2）个体防护装备应由生产经营单位免费为职工配备、发放。严禁将个体防护装备折合为现金发给职工，让其自己购买个体防护装备。

（3）为职工所配备的个体防护装备应符合相应产品的国家标准或行业标准要求，并取得市场准入资质；对于无国家标准和行业标准的装备应当通过国家相关授权的检验机构检验合格。

（4）生产经营单位应根据个体防护装备的使用数量、有效使用时间及更换频率，按照合适的备份比配备个体防护装备（备份比 = 投入使用量 / 备用量）。

（5）生产经营单位应向职工和相关管理人员提供个体防护装备的正确使用、维护、保存的教育培训，经考核合格后，职工方能佩戴个体防护装备进行正常作业，管理人员方能参与个体防护装备的相关管理。

（6）根据具体情况和要求，选择个体防护装备的管理方式，相关管理部门的统一管理或发放给职工各自负责管理。

（7）相关管理部门应定期对个体防护装备的使用性能进行检查或验证，按照要求进行报废和换新。

（8）为作业人员配备发放的个体防护装备应以符合安全防护要求为主，兼顾考虑大小、穿戴方便、款式和美观。

个体防护装备配备程序见图 1。

3. 作业人员个体防护装备的选用及佩戴要求

（1）当通过技术手段或其他途径无法完全消除作业过程中的风险或危害时，作业人员必须佩戴个体防护装备。

（2）作业人员所佩戴的个体防护装备必须符合国家或地方有关的法律法规及国家、地方或行业的标准。

（3）作业人员应佩戴与所涉及的危险或有害因素相应的个体防护装备，且装备本身不能导致任何其他额外的风险。

（4）所佩戴的个体防护装备应与工作场所的环境状况相适应。

（5）所佩戴的个体防护装备应考虑人体工程学的需要和作业人员的健康状况。

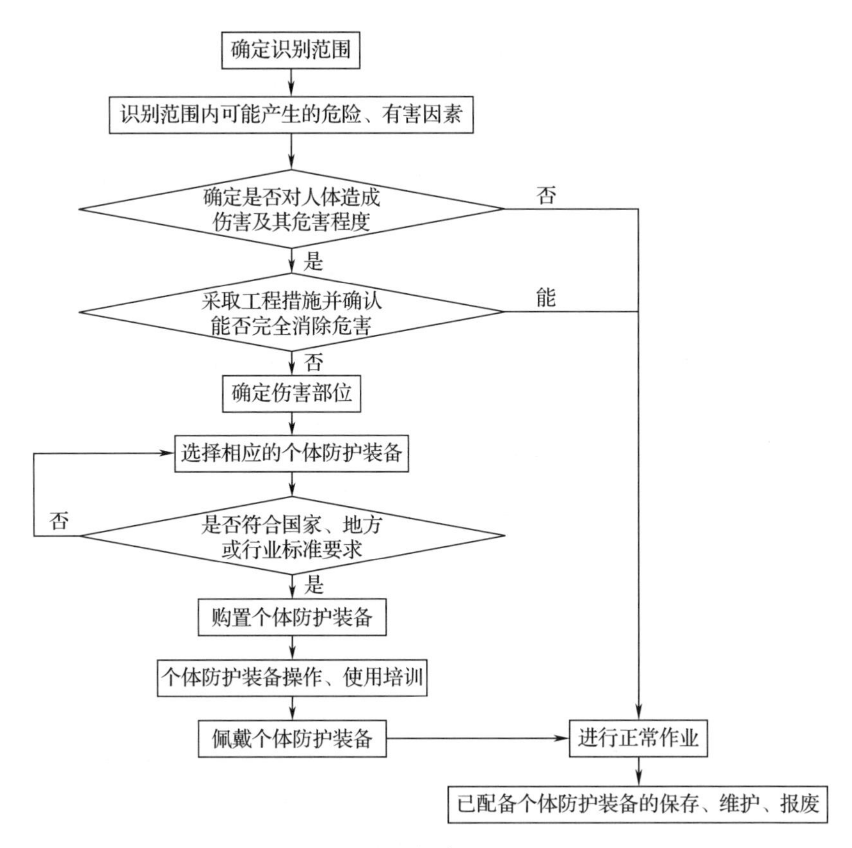

图 1　个体防护装备配备程序

（6）因实际需要对个体防护装备进行必要的调整或改进后，应能适合作业人员的佩戴，但不能降低其相应的防护功能特性，不能导致任何其他额外的风险。

（7）根据作业场所的环境状况和危险、有害程度，选择适当级别的防护装备。

（8）作业人员在进行作业前，应先佩戴好所有防护装备并检查其功能的良好性。

（9）作业人员应能够正确使用所佩戴的个体防护装备。

（10）对于同时配备的不同防护装备，应考虑其同时使用的兼容性和功能替代性，以免造成功能重复，或因同时使用的不兼容性而使防护装备不能起到防护作用。

（11）根据作业场所的环境状况、防护装备的使用频率、磨损情况、自身材质及以往使用经验确定防护装备的有效使用时间和使用期限。国家有规定的按照相关规定执行。

（12）经佩戴使用后的防护装备，按照产品要求和其特性进行清洁、保存、维护或报废、换新。

（13）进行事故应急救援时应尽量选择比日常性作业更高规格防护性能的防护装备和必要的救援防护装备。

根据作业类别建议佩戴个体防护装备见表1。

表1　个体防护装备的选用

作业类别		可以使用的防护用品	建议使用的防护用品
编号	类别名称		
1	存在物体坠落、撞击的作业	安全帽 防砸鞋（靴） 防刺穿鞋 安全网	防滑鞋
2	有碎屑飞溅的作业	安全帽 防冲击护目镜 一般防护服	防机械伤害手套
3	操作转动机械作业	工作帽 防冲击护目镜 其他零星防护用品	
4	接触锋利器具作业	防机械伤害手套 一般防护服	安全帽 防砸鞋（靴） 防刺穿鞋
5	地面存在尖利器物的作业	防刺穿鞋	安全帽
6	手持振动机械作业	耳塞 耳罩 防振手套	防振鞋
7	人承受全身振动的作业	防振鞋	

续表

<table>
<tr><th colspan="3">作业类别</th><th rowspan="2">可以使用的防护用品</th><th rowspan="2">建议使用的防护用品</th></tr>
<tr><th>编号</th><th colspan="2">类别名称</th></tr>
<tr><td>8</td><td colspan="2">铲、装、吊、推机械操作作业</td><td>安全帽
一般防护服</td><td>防尘口罩（防颗粒物呼吸器）
防冲击护目镜</td></tr>
<tr><td>9</td><td colspan="2">低压带电作业（1 kV 以下）</td><td>绝缘手套
绝缘鞋
绝缘服</td><td>安全帽（带电绝缘性能）
防冲击护目镜</td></tr>
<tr><td rowspan="2">10</td><td rowspan="2">高压带电作业</td><td>在 1~10 kV 带电设备上进行作业时</td><td>安全帽（带电绝缘性能）
绝缘手套
绝缘鞋
绝缘服</td><td>防冲击护目镜
带电作业屏蔽服
防电弧服</td></tr>
<tr><td>在 10~500 kV 带电设备上进行作业时</td><td>带电作业屏蔽服</td><td>防强光、紫外线、红外线护目镜或面罩</td></tr>
<tr><td>11</td><td colspan="2">高温作业</td><td>安全帽
防强光、紫外线、红外线护目镜或面罩
隔热阻燃鞋
白帆布类隔热服
热防护服</td><td>镀反射膜类隔热服
其他零星防护用品</td></tr>
<tr><td>12</td><td colspan="2">易燃易爆场所作业</td><td>防静电手套
防静电鞋
化学品防护服
阻燃防护服
防静电服
棉布工作服</td><td>防尘口罩（防颗粒物呼吸器）
防毒面具
防尘服</td></tr>
<tr><td>13</td><td colspan="2">可燃性粉尘场所作业</td><td>防尘口罩（防颗粒物呼吸器）
防静电手套
防静电鞋
防静电服
棉布工作服</td><td>防尘服
阻燃防护服</td></tr>
</table>

续表

<table>
<tr><th colspan="2">作业类别</th><th rowspan="2">可以使用的防护用品</th><th rowspan="2">建议使用的防护用品</th></tr>
<tr><th>编号</th><th>类别名称</th></tr>
<tr><td>14</td><td>高处作业</td><td>安全帽
安全带
安全网</td><td>防滑鞋</td></tr>
<tr><td>15</td><td>井下作业</td><td rowspan="2">安全帽
防尘口罩（防颗粒物呼吸器）
防毒面具
自救器
耳塞
防静电手套
防振手套
防水胶靴
防砸鞋（靴）
防滑鞋
矿工靴
防水服
阻燃防护服</td><td rowspan="2">耳罩
防刺穿鞋</td></tr>
<tr><td>16</td><td>地下作业</td></tr>
<tr><td>17</td><td>水上作业</td><td>防水胶靴
水上作业服
救生衣（圈）</td><td>防水服</td></tr>
<tr><td>18</td><td>潜水作业</td><td>潜水服</td><td></td></tr>
<tr><td>19</td><td>吸入性气相毒物作业</td><td>防毒面具
防化学品手套
化学品防护服</td><td>劳动护肤剂</td></tr>
<tr><td>20</td><td>密闭场所作业</td><td>防毒面具（供气或携气）
防化学品手套
化学品防护服</td><td>空气呼吸器
劳动护肤剂</td></tr>
<tr><td>21</td><td>吸入性气溶胶毒物作业</td><td>工作帽
防毒面具
防化学品手套
化学品防护服</td><td>防尘口罩（防颗粒物呼吸器）
劳动护肤剂</td></tr>
</table>

续表

作业类别		可以使用的防护用品	建议使用的防护用品
编号	类别名称		
22	沾染性毒物作业	工作帽 防毒面具 防腐蚀液护目镜 防化学品手套 化学品防护服	防尘口罩（防颗粒物呼吸器） 劳动护肤剂
23	生物性毒物作业	工作帽 防尘口罩（防颗粒物呼吸器） 防腐蚀液护目镜 防微生物手套 化学品防护服	劳动护肤剂
24	噪声作业	耳塞	耳罩
25	强光作业	防强光、紫外线、红外线护目镜或面罩 焊接面罩 焊接手套 焊接防护鞋 焊接防护服 白帆布类隔热服	
26	激光作业	防激光护目镜	防放射性服
27	荧光屏作业	防微波护目镜	防放射性服
28	微波作业	防微波护目镜 防放射性服	
29	射线作业	防放射性护目镜 防放射性手套 防放射性服	
30	腐蚀性作业	工作帽 防腐蚀液护目镜 耐酸碱手套 耐酸碱鞋 防酸（碱）服	防化学品鞋（靴）

续表

作业类别		可以使用的防护用品	建议使用的防护用品
编号	类别名称		
31	易污作业	工作帽 防毒面具 防尘口罩（防颗粒物呼吸器） 耐酸碱手套 防静电鞋 一般防护服 化学品防护服	耐油手套 耐油鞋 防油服 劳动护肤剂 其他零星防护用品
32	恶味作业	工作帽 防毒面具 一般防护服	空气呼吸器 其他零星防护用品
33	低温作业	防寒帽 防寒手套 防寒鞋 防寒服	耳罩 劳动护肤剂
34	人工搬运作业	安全帽 防机械伤害手套 安全网	防滑鞋
35	野外作业	防寒帽 太阳镜 防昆虫手套 防水胶靴 防寒鞋 防水服 防寒服	防冲击护目镜 防滑鞋 劳动护肤剂
36	涉水作业	防水护目镜 防水胶靴 防水服	
37	车辆驾驶作业	防冲击安全头盔 一般防护服	防冲击护目镜 防强光、紫外线、红外线护目镜或面罩 太阳镜 防机械伤害手套
38	一般性作业		一般防护服 普通防护装备
39	其他作业		

第三计

合理选择防护品
职业危害难发生

——配备必要的个体防护用品

第一招

防护有三宝　首选安全帽

——头部防护装备选用

一、头部防护装备分类

头部防护装备有工作帽、安全帽、防寒帽和防冲击安全头盔。工作帽用于防护头部脏污、擦伤和长发被绞碾；安全帽用于防御物体对头部造成的冲击、刺穿和挤压等伤害；防寒帽用于防御头部或面部冻伤；防冲击安全头盔用于防止头部遭受猛烈撞击，供高速车辆驾驶者佩戴。其中，安全帽又有多种类型，见表2。

表 2　　个体防护装备的分类、分级及适用范围

防护装备名称	特点	分级	级别指标	参考适用范围
普通安全帽	由塑料、橡胶、玻璃钢等材料制成，抵御坠物所造成的伤害	—	—	存在坠物危险或对头部可能产生碰撞的场所
阻燃安全帽	在普通型安全帽的基础上增加阻燃功能，抵御明火燎烧所造成的伤害	—	—	存在坠物危险或对头部可能产生碰撞及有明火或具有易燃物质的场所
防静电安全帽	在普通型安全帽的基础上消除电荷在帽体上的聚积	—	—	存在坠物危险或对头部可能产生碰撞及不允许有效电发生的场所，多用于精密仪器加工、石油化工、煤矿开采等行业
电绝缘安全帽	在普通型安全帽的基础上阻止电流通过，防止人员意外触电	—	—	存在坠物危险或对头部可能产生碰撞及带电作业场所，如电力水利行业等
抗压安全帽	在普通型安全帽的基础上具有侧向刚性性能，防止头部受到挤压伤害	—	—	存在坠物危险或对头部可能产生碰撞及挤压的作业场所。如坑道、矿井等
防寒安全帽	在普通型安全帽的基础上具有耐低温及保温性能，防止人员冻伤	—	—	低温作业环境中存在坠物危险或对头部可能产生碰撞的场所，如冷库、林业等
耐高温安全帽	在普通型安全帽的基础上具有耐高温性能，防止人员受高温伤害	—	—	高温作业环境中存在坠物危险或对头部可能产生碰撞的场所，如锻造、炼钢等

二、安全帽选用

1. 安全帽选择要求总则

（1）安全帽应符合 GB 2811—2007 的要求。

（2）安全帽应在产品规定的年限内选用。

（3）安全帽各部件应完好，无异常。

（4）制造商应取得国家规定的相关资质并在有效期内。

（5）安全帽应按功能、样式、颜色、材质的顺序进行选择。

2. 安全帽功能的选择

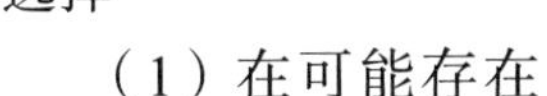

（1）在可能存在物体坠落、碎屑飞溅、磕碰、撞击、穿刺、挤压、摔倒及跌落等伤害头部的场所时，应佩戴至少具有基本技术性能的安全帽。

注：基本技术性能包括冲击吸收性能、耐穿刺性能、下颏带的强度。

（2）当作业环境中可能存在短暂接触火焰、短时局部接触高温物体或暴露于高温场所时应选用具有阻燃性能的安全帽。

（3）当作业环境中可能发生侧向挤压，包括可能发生塌方、滑坡的场所，存在可预见的翻倒物体，可能发生速度较低的冲撞场所时应选用具有侧向刚性性能的安全帽。

（4）当作业环境对静电高度敏感、可能发生引爆燃或需要本质安全时应选用具有防静电性能的安全帽，使用防静电安全帽时所穿戴的衣物应遵循防静电规程的要求。

注：在上述场所中安全帽可能同佩戴者以外的物品接触或摩擦。

（5）当作业环境中可能接触 400 V 以下三相交流电时应选用具有电绝缘性能的安全帽。

（6）当作业环境中需要保温且环境温度不低于 −20℃的低温作业工作场所时应选用具有防寒功能或与佩戴的其他防寒装配不发生冲突的安全帽。

（7）根据工作的实际情况可能存在以下特殊性能，包括摔倒及跌落的保护、导电性能、防高压电性能、耐超低温、耐极高温性能、抗熔融金属性能等，制造商和采购方应按照 GB 2811—2007 作出技术方面的补充协议。

3. 安全帽样式的选择

（1）当作业环境可能发生淋水、飞溅渣屑以及阳光、强光直射眼部等情况时，应选用大檐、大舌安全帽；当作业环境为狭窄场地时，应选用小檐安全帽。

注：安全帽帽檐、帽舌尺寸的大小是由制造商依据各自产品规格型号进行规定的。

（2）当进行焊接作业且应佩戴安全帽时，可选用符合 GB/T 3609.1 要求的焊接工防护面罩与安全帽进行组合，或者选用焊接工防护面罩和安全帽一体式的防护具，并应符合该标准相关规定。

（3）当按 GB/T 23466 规定方法测量调查作业人员按额定 8 h 工作日规格化的噪声暴露级 $L_{EX,\ 8h} \geq 85$ dB（A）时，作业人员选用的安全帽应与所佩戴的护听器适配无冲突，佩戴带有护听器的安全帽应符合 GB/T 23466 的相关规定。

（4）当作业场所还需对眼面部进行防护时，作业人员所选用的安全帽应与所佩戴的个人用眼护具适配无冲突，佩戴与安全帽组合的面罩时应符合 GB 14866 的相关规定。

（5）当佩戴其他头面部防护装备时，所选用的安全帽

应与其适配无冲突。

4. 安全帽颜色的选择

（1）安全帽颜色应符合相关行业的管理要求。如管理人员使用白色，技术人员使用蓝色。

（2）选择安全帽的颜色应从安全以及生理、心理上对颜色的作业与联想等角度进行充分考虑。

（3）当作业环境光线不足时应选用颜色明亮的安全帽。

（4）当作业环境能见度低时应选用与环境色差较大的安全帽或在安全帽上增加符合要求的反光条。

5. 安全帽材质的选择

安全帽材质的选择见表3。

表3 安全帽材质的选择

安全帽帽壳材料	特点	适用场合举例
玻璃钢（FRP）安全帽	质轻而硬，不导电，机械强度高，回收利用少，耐腐蚀。在紫外线、风沙雨雪、化学介质、机械应力等作用下容易导致性能下降	冶金高温、油田钻井、森林采伐、供电线路、高层建筑施工以及寒冷地区施工
聚碳酸酯（PC）塑料安全帽	冲击强度高，尺寸稳定性好，无色透明，着色性好，电绝缘性、耐腐蚀性、耐磨性好，有应力开裂倾向，高温易水解	油田钻井、森林采伐、供电线路、建筑施工、带电作业
丙烯腈－丁二烯－苯乙烯（ABS）塑料安全帽	其抗冲击性、耐热性、耐低温性、耐化学药品性及电气性能优良，不受水、无机盐、碱及多种酸的影响，但可溶于酮类、醛类及氯代烃中，受冰乙酸、植物油等侵蚀会产生应力开裂，耐候性差，在紫外光的作用下易产生降解	采矿、机械工业冲击强度高的室内常温场所
聚乙烯（PE）塑料安全帽	具有耐腐蚀性，电绝缘性，不宜与有机溶剂接触，以防开裂，线形低密度聚乙烯（LLDPE）具有优异的耐环境应力开裂性能和电绝缘性，较高的耐热性能、抗冲和耐穿刺性能等	冶金、石油、化工、建筑、矿山、电力、机械、交通运输、地质、林业等冲击强度较低的室内作业
聚丙烯（PP）塑料安全帽	电绝缘性好、耐磨、抗刮、耐腐蚀、耐低温冲击性差，较易老化	药品及有机溶剂作业

续表

安全帽帽壳材料	特点	适用场合举例
超高分子聚乙烯（UHMWPE）塑料安全帽	耐磨、耐冲击、耐腐蚀、耐低温	冶金、化工、矿山、建筑、机械、电力、交通运输、林业和地质作业
聚氯乙烯（PVC）塑料安全帽	不易燃、高强度、耐气候变化性以及电绝缘性良好	冶金、石油、化工、建筑、矿山、电力、机械、交通运输、地质、林业等冲击强度较低的室内作业

注：以上信息仅供参考。

三、安全帽使用和维护

1. 安全帽的使用

（1）安全帽的使用应按照产品使用说明进行。

（2）在使用前应检查安全帽上是否有外观缺陷，各部件是否完好、无异常。不应随意在安全帽上拆卸或添加附件，以免影响其原有的防护性能。

（3）帽衬调整后的内部尺寸、垂直间距、佩戴高度、水平间距应符合 GB 2811—2007 的要求。

（4）安全帽在使用时应戴正、戴牢，锁紧帽箍，配有下颏带的安全帽应系紧下颏带，确保在使用中不发生意外脱落。

（5）使用者不应擅自在安全帽上打孔，不应用刀具等锋利、尖锐物体刻划、钻钉安全帽。

（6）使用者不应擅自在帽壳上涂敷油漆、涂料、汽油、溶剂等。

（7）不应随意碰撞挤压或将安全帽用作除佩戴以外的其他用途。例如：坐压、砸坚硬物体等。

（8）在安全帽内，使用方应确保永久标识齐全、清晰。

2. 安全帽的维护

（1）安全帽的维护应按照产品说明进行。

（2）安全帽上的可更换部件损坏时应按照产品说明及时更换。

（3）安全帽的存放应远离酸、碱、有机溶剂、高温、低温、日晒、潮湿或其他腐蚀环境，以免其老化或变质。

（4）对热塑材料制的安全帽，不应用热水浸泡及放在暖气片、火炉上烘烤，以防止帽体变形。

（5）安全帽应保持清洁，并按照产品说明定期进行清洗。

四、安全帽判废

当出现下列情况之一时，即予判废，包括：

——所选用的安全帽不符合 GB 2811—2007 的要求；

——所选用的安全帽功能与所从事的作业类型不匹配；

——所选用的安全帽超过有效使用期；

——安全帽部件损坏、缺失，影响正常佩戴；

——所选用的安全帽经定期检验和抽查为不合格；

——安全帽受过强烈冲击，即使没有明显损坏；

——当发生使用说明中规定的其他报废条件时。

第二招 噪声危害大 有备不可怕

——听力防护装备选用

一、听力防护装备分类

听力防护装备又称为护听器，有多种类型，具体见表4。

表 4　　听力防护装备分类

防护装备名称	特点	分级	级别指标	参考适用范围
耳塞	直接塞入外耳道内，具有良好的密封和隔声性	—	—	参见 GB/T 23466—2009 第 4 章
耳罩	紧贴头部，围住耳廓四周，遮住耳道	—	—	
头盔	罩住头部，隔热、防震、防冲击	—	—	

二、听力防护装备选用

1. 听力防护装备的选择原则

（1）安全与健康原则。选择听力防护装备要充分考虑使用环境和佩戴个体的条件，保证佩戴听力防护装备过程中的人员安全与健康。

（2）适用原则。听力防护装备应在提供有效听力保护的同时不影响生产作业的进行，避免过度保护。

（3）舒适原则。听力防护装备应具有较好的佩戴舒适性，避免由于佩戴不舒适导致佩戴者不按正确的方式使用听力防护装备，从而降低其听力防护作用。

2. 听力防护装备选型一般要求

（1）高温、高湿环境中，耳塞的舒适度优于耳罩。

（2）一般狭窄有限空间里，宜选择体积小、无凸出结构的听力防护装备。

（3）短周期重复的噪声暴露环境中，

宜选择佩戴摘取方便的耳罩或半插入式耳塞。

（4）工作中需要进行语言交流或接收外界声音信号时，宜选择各频率声衰减性能比较均衡的听力防护装备。

（5）强噪声环境下，当单一听力防护装备不能提供足够的声衰减时，宜同时佩戴耳塞和耳罩，以获得更高的声衰减值。

（6）耳塞和耳罩组合使用时的声衰减值，可按两者中较高的声衰减值增加 5 dB 估算。

（7）如果佩戴者留有长发或耳廓特别大，或头部尺寸过大或过小不宜佩戴耳罩时，宜使用耳塞。

（8）佩戴者如需同时使用防护手套、防护眼镜、安全帽等防护装备时，宜选择便于佩戴和摘取、不与其他防护装备相互干扰的听力防护装备。

（9）选择听力防护装备时要注意卫生问题；如无法保证佩戴时手部清洁，应使用耳罩等不易将手部脏物带入耳道的听力防护装备。

（10）耳道疾病患者不宜使用插入或半插入式耳塞类听力防护装备。

（11）皮肤过敏者选择听力防护装备时须谨慎，应做短时佩戴测试。

第三招 眼睛防伤害　勤把眼镜戴
——眼部防护装备选用

眼部防护装备分类及用途见表 5。

表 5　　眼部防护装备分类及用途

防护装备名称	特点	分级	级别指标	参考适用范围
防冲击眼护具	防止颗粒物、飞溅碎屑冲击	L	试验冲击速度为 45 ~ 46.5 m/s	切削加工、金属切割、碎石等低能量冲击作业场所
		M	试验冲击速度为 120 ~ 123 m/s	切削加工、金属切割、碎石等中能量冲击作业场所
		H	试验冲击速度为 190 ~ 195 m/s	切削加工、金属切割、碎石等高能量冲击作业场所
焊接眼护具	防强可见光、红外线、紫外线	—	—	电焊、气弧焊、氧切割等作业场所
激光护目镜	衰减或吸收激光能量	—	—	激光加工、光学实验室等场所
炉窑护目镜	防热辐射、红外线	—	—	冶炼、玻璃制造、陶瓷、机械加工等行业炉窑作业场所
微波护目镜	防微波辐射	—	—	雷达、通讯等微波作业场所
X 射线防护眼镜	防 X 射线辐射	—	—	X 光医疗等作业场所

续表

防护装备名称	特点	分级	级别指标	参考适用范围
化学安全防护镜	防御有刺激或腐蚀性溶液	—	—	实验室、医疗卫生等场所
防尘眼镜	防粉尘	—	—	尘埃较多的场所

第四招　呼吸不能停　防护做充分

——呼吸防护装备选用

一、呼吸防护装备分类

呼吸防护装备按用途可以分为以下种类，见表6。

表 6　　呼吸防护装备按用途分类

编号	防护用品品类	防护性能说明
B05	防尘口罩（防颗粒物呼吸器）	用于空气中含氧 19.5% 以上的粉尘作业环境，防止吸入一般性粉尘，防御颗粒物（如毒烟、毒雾）等危害呼吸系统或眼面部
B06	防毒面具	使佩戴者呼吸器官与周围大气隔离，由肺部控制或借助机械力通过导气管引入清洁空气供人体呼吸
B07	空气呼吸器	防止吸入对人体有害的毒气、烟雾、悬浮于空气中的有害污染物或在缺氧环境中使用
B08	自救器	体积小、携带轻便，供矿工个人短时间内使用。当煤矿井下发生事故时，矿工佩戴它可以通过充满有害气体的井巷，迅速离开灾区

呼吸防护装备按防护原理可以分为以下种类，见表 7。

表 7　　呼吸防护装备按防护原理分类

防护装备名称		特点	分级	级别指标	参考适用范围
过滤式呼吸防护装备	自吸过滤式防颗粒物呼吸器	靠佩戴者呼吸克服部件气流阻力，防御颗粒物的伤害	KN/KP 90	过滤效率≥90.0%	适用于存在颗粒物空气污染物的环境，不适用于防护有害气体或蒸气。KN 适用于非油性颗粒物，KP 适用于油性和非油性颗粒物。适用浓度范围见 GB/T 18664—2002 表 3
			KN/KP 95	过滤效率≥95.0%	
			KN/KP 100	过滤效率≥99.97%	
	自吸过滤式防毒面具	靠佩戴者呼吸克服部件阻力，防御有毒、有害气体或蒸气、颗粒物等对呼吸系统或眼面部的伤害	1 级	一般防护时间，参见 GB 2890—2009 表 5	适合有毒气体或蒸气的防护，适用浓度范围见 GB/T 18664—2002 表 3
			2 级	中等防护时间，参见 GB 2890—2009 表 5	
			3 级	高等防护时间，参见 GB 2890—2009 表 5	
			4 级	特等防护时间，参见 GB 2890—2009 表 5	

续表

防护装备名称		特点	分级	级别指标	参考适用范围
过滤式呼吸防护装备	自吸过滤式防毒面具		P1	一般能力的滤烟性能效率≥ 95.0%	适合毒性颗粒物的防护，适用浓度范围见 GB/T 18664—2002 表 3
			P2	中等能力的滤烟性能效率≥ 99.0%	
			P3	高等能力的滤烟性能效率≥ 99.99%	
	送风过滤式防护装备	靠动力（如电动风机或手动风机）克服部件阻力，防御有毒、有害气体或蒸气、颗粒物等对呼吸系统或眼面部的伤害	—	—	适用浓度范围见 GB/T 18664—2002 表 3
隔绝式呼吸防护装备	正压式空气呼吸防护装备	使用者任一呼吸循环过程中面罩内压力均大于环境压力	—	—	适用于各类颗粒物和有毒有害气体环境，适用浓度范围见 GB/T 18664—2002 表 3
	负压式空气呼吸防护装备	使用者任一呼吸循环过程中面罩内压力在吸气阶段均小于环境压力	—	—	
	自吸式长管呼吸器	靠佩戴者自主呼吸得到新鲜、清洁的空气	—	—	
	送风式长管呼吸器	以风机或空压机供气为佩戴者输送清洁空气	—	—	
	氧气呼吸器	通过压缩氧气或化学生氧剂罐向使用者提供呼吸气源	—	—	

二、呼吸防护装备选用

1. 一般原则

（1）在没有防护的情况下，任何人都不应暴露在能够或可能危害健康的空气环境中。

（2）应根据国家有关的职业卫生标准，对作业中的空气环境进行评价，识别有害环境性质，判定危害程度。

（3）应首先考虑采取工程措施控制有害环境的可能性。若工程控制措施因各种原因无法实施，或无法完全消除有害环境，以及在工程控制措施未生效期间，应根据呼吸防护用品的选择、使用和维护（GB/T 18664—2002）4.2、4.3 和 4.4 的规定选择适合的呼吸防护用品。呼吸防护用品分类见表 8，选择程序见图 2。

（4）应选择国家认可的、符合标准要求的呼吸防护用品。

（5）选择呼吸防护用品时也应参照使用说明书的技术规定，符合其适用条件。

（6）若需要使用呼吸防护用品预防有害环境的危害，用人单位应建立并实施规范的呼吸保护计划。

2. 根据有害环境选择

（1）识别有害环境性质。应识别作业中的有害环境，了解以下情况：

1）是否能够识别有害环境。

2）是否缺氧及氧气浓度值。

表 8　　呼吸防护用品分类

过滤式			隔绝式			
自吸过滤式		送风过滤式	供气式		携气式	
半面罩	全面罩		正压式	负压式	正压式	负压式

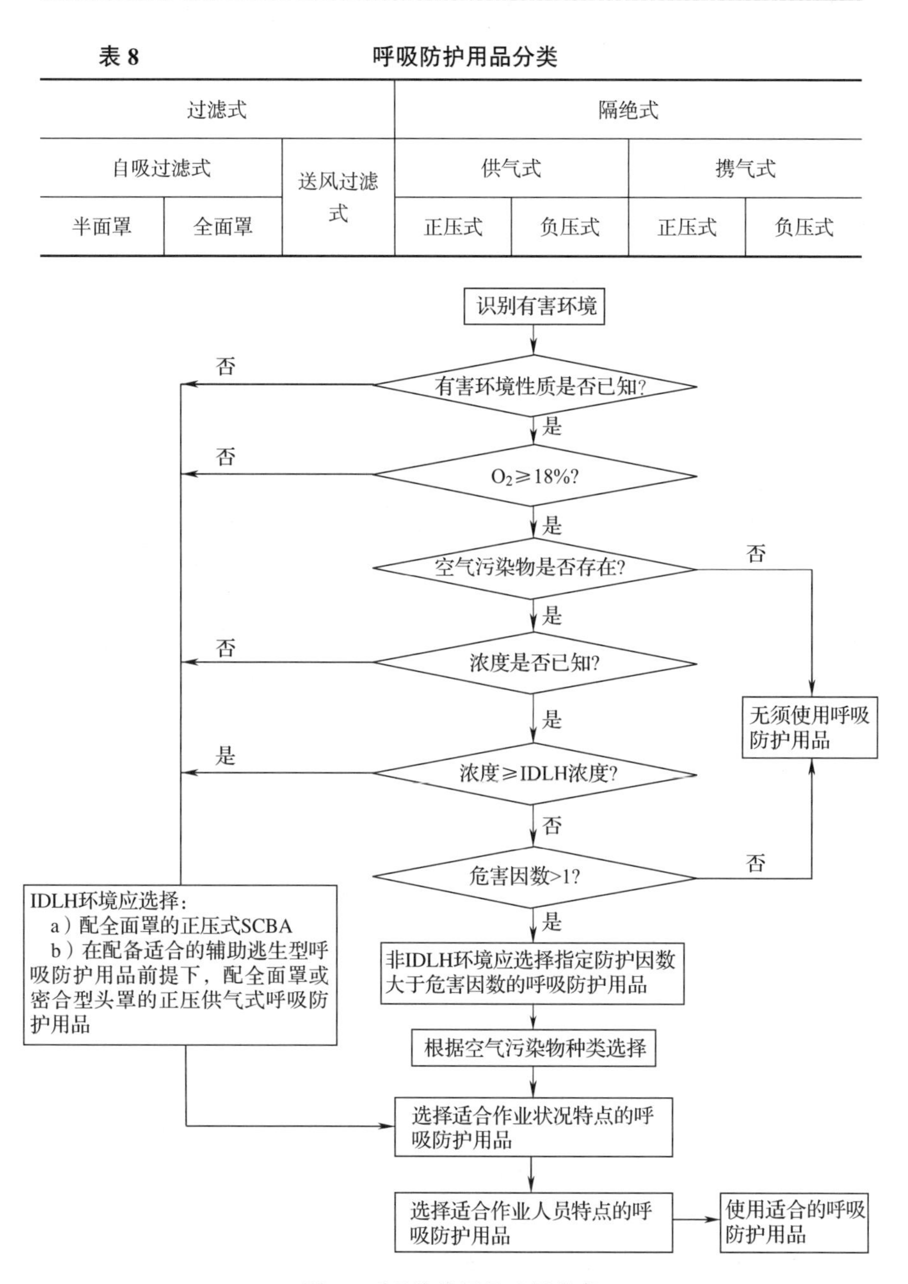

图 2　呼吸防护用品选择程序

3）是否存在空气污染物及其浓度。

4）空气污染物存在形态，是颗粒物、气体或蒸气，还是它们的组合，并进一步了解以下情况：

①若是颗粒物，应了解是固态还是液态，其沸点和蒸气压，在作业温度下是否明显挥发，是否具有放射性，是否为油性，可能的分散度，是否有职业卫生标准，是否有 IDLH 浓度，是否还可经皮肤吸收，是否对皮肤致敏，是否刺激或腐蚀皮肤和眼睛等。

②若是气体或蒸气，应了解是否具有明显气味或刺激性等警示性，是否有职业卫生标准，是否有 IDLH 浓度，是否还可经皮肤吸收，是否对皮肤致敏，是否刺激或腐蚀皮肤和眼睛等。

（2）判定危害程度。按照下述方法判定危害程度：

1）如果有害环境性质未知，应作为 IDLH 环境。

2）如果缺氧，或无法确定是否缺氧，应作为 IDLH 环境。

3）如果空气污染物浓度未知、达到或超过 IDLH 浓度，应作为 IDLH 环境。

4）若空气污染物浓度未超过 IDLH 浓度，应根据国家有关的职业卫生标准规定浓度确定危害因数；若同时存在一种以上的空气污染物，应分别计算每种空气污染物的危害因数，取数值最大的作为危害因数。

（3）根据危害程度选择呼吸防护用品：

1）IDLH 环境的防护。适用于 IDLH 环境的呼吸防护用品是：

①配全面罩的正压式SCBA。

②在配备适合的辅助逃生型呼吸防护用品前提下，配全面罩或送气头罩的正压供气式呼吸防护用品。

注：辅助逃生型呼吸防护用品应适合IDLH环境性质。例如：在有害环境性质未知、是否缺氧未知及缺氧环境下，选择的辅助逃生型呼吸防护用品应为携气式，不允许使用过滤式；在不缺氧，但空气污染物浓度超过IDLH浓度的环境下，选择的辅助逃生型呼吸防护用品可以是携气式，也可以是过滤式，但应适合该空气污染物种类及其浓度水平。

2）非IDLH环境的防护。应选择指定防护因数（APF）大于危害因数的呼吸防护用品。各类呼吸防护用品的APF见表9。

表9　　各类呼吸防护用品的APF

<table>
<tr><th>呼吸防护用品类型</th><th>面罩类型</th><th>正压式</th><th>负压式</th></tr>
<tr><td rowspan="2">自吸过滤式</td><td>半面罩</td><td rowspan="2">不适用</td><td>10</td></tr>
<tr><td>全面罩</td><td>100</td></tr>
<tr><td rowspan="4">送风过滤式</td><td>半面罩</td><td>50</td><td rowspan="4">不适用</td></tr>
<tr><td>全面罩</td><td>> 200 ~ < 1 000</td></tr>
<tr><td>开放型面罩</td><td>25</td></tr>
<tr><td>送气头罩</td><td>> 200 ~ < 1 000</td></tr>
<tr><td rowspan="4">供气式</td><td>半面罩</td><td>50</td><td>10</td></tr>
<tr><td>全面罩</td><td>1 000</td><td>100</td></tr>
<tr><td>开放型面罩</td><td>25</td><td rowspan="2">不适用</td></tr>
<tr><td>送气头罩</td><td>1 000</td></tr>
<tr><td rowspan="2">携气式</td><td>半面罩</td><td rowspan="2">> 1 000</td><td>10</td></tr>
<tr><td>全面罩</td><td>100</td></tr>
</table>

（4）根据空气污染物种类选择呼吸防护用品：

1）颗粒物的防护。可选择隔绝式或过滤式呼吸防护用品（见表10）。若选择过滤式，应注意以下几点：

①防尘口罩不适合挥发性颗粒物的防护，应选择能够同时过滤颗粒物及其挥发气体的呼吸防护用品。

②应根据颗粒物的分散度选择适合的防尘口罩。

③若颗粒物为液态或具有油性，应选择有适合过滤元件的呼吸防护用品。

④若颗粒物具有放射性，应选择过滤效率为最高等级的防尘口罩。

2）有毒气体和蒸气的防护。可选择隔绝式或过滤式呼吸防护用品（见表10）。若选择过滤式，应注意以下几点：

①应根据有毒气体和蒸气种类选择适用的过滤元件，对现行标准中未包括的过滤元件种类，应根据呼吸防护用品生产者提供的使用说明选择。

②对于没有警示性或警示性很差的有毒气体或蒸气，应优先选择有失效指示器的呼吸防护用品或隔绝式呼吸防护用品。

3）颗粒物、有毒气体或蒸气同时防护。可选择隔绝式或过滤式呼吸防护用品（见表10）。若选择过滤式，应选择有效过滤元件或过滤元件组合。

3. 根据作业状况选择

在符合呼吸防护用品的选择、使用和维护（GB/T 18664—2002）4.2 规定的基础上，还应考虑作业状况的不同特点：

（1）若空气污染物同时刺激眼睛或皮肤，或可经皮肤吸收，或对皮肤有腐蚀性，应选择全面罩，并采取防护措施保护其他裸露皮肤；选择的呼吸防护用品应与其他个人防护用品相兼容。

（2）若作业中存在可以预见的紧急危险情况，应根据危险的性质选择适用的逃生型呼吸防护用品，或根据呼吸防护用品的选择、使用和维护（GB/T 18664—2002）4.2.3.1 规定选择呼吸防护用品。

表 10　　　　根据有害环境选择呼吸防护用品

有害环境				适用的呼吸防护用品种类																							
				隔绝式									过滤式														
				携气式				供气式					送风过滤式									自吸过滤式					
				正压式		负压式		正压式			负压式		防毒			防尘			防尘防毒			防毒		防尘		防尘防毒	
				H	F	H	F	H	T	L	H	F	H	T	L	H	T	L	H	T	L	H	F	H	F	H	F
氧气浓度未知					√																						
缺氧：氧气浓度＜18%					√																						
空气污染物和浓度未知					√																						
不缺氧且空气污染物浓度已知	IDLH 环境				√				⊙																		
	空气污染物为有毒气体和蒸气	危害因数	＜ 10	√	√	√	√	√	√	√	√	√	√	√	√				√	√	√	√	√			√	√
			＜ 25	√	√		√	√	√	√		√	√	√	√				√	√	√		√				√
			＜ 50	√	√		√	√	√			√	√	√					√	√			√				√
			＜ 100	√	√		√		√			√		√					√	√		√					√
			＜ 1 000	√	√				√					√						√							
			＞ 1 000	√	√																						
	空气污染物为颗粒物		＜ 10	√	√	√	√	√	√	√	√	√				√	√	√	√	√	√			√	√	√	√
			＜ 25	√	√		√	√	√	√		√				√	√	√	√	√	√				√		√
			＜ 50	√	√		√	√	√			√				√	√		√	√					√		√
			＜ 100	√	√		√		√			√					√			√					√		√
			＜ 1 000	√	√				√								√			√							
			＞ 1 000	√	√																						
	空气污染物为有毒气体、蒸气和颗粒物		＜ 10	√	√	√	√	√	√	√	√	√							√	√	√					√	√
			＜ 25	√	√		√	√	√	√		√							√	√	√						√
			＜ 50	√	√		√	√	√			√							√	√	√						√
			＜ 100	√	√		√		√			√								√							√
			＜ 1 000	√	√				√											√							
			＞ 1 000	√	√																						

注 1：√表示允许选用；⊙表示在符合本标准 4.2.3.1b）规定情况下允许选用。

注 2：H 表示半面罩；F 表示全面罩；T 表示全面罩和送气头罩；L 表示开放型面罩。

注 3：呼吸防护用品选择举例参见附录 D。

（3）若有害环境为爆炸性环境，选择的呼吸防护用品应符合 GB 3836.1、GB 3836.2 和 GB 3836.4 的规定；若选择 SCBA，应选择空气呼吸器，不允许选择氧气呼吸器。

（4）若选择供气式呼吸防护用品，应注意作业地点与气源之间的距离、空气导管对现场其他作业人员的妨碍、供气管路被损坏或被切断等问题，并采取可能的预防措施。

（5）若现场存在高温、低温或高湿，或存在有机溶剂及其他腐蚀性物质，应选择耐高温、耐低温或耐腐蚀的呼吸防护用品，或选择能调节温度、湿度的供气式呼吸防护用品。

（6）若作业强度较大，或作业时间较长，应选择呼吸负荷较低的呼吸防护用品，如供气式或送风过滤式呼吸防护用品。

（7）若有清楚视觉的需求，应选择视野较好的呼吸防护用品。

（8）若有语言交流的需求，应选择有适宜通话功能的呼吸防护用品。

4. 根据作业人员选择

（1）头面部特征。选用半面罩或全面罩时应注意：

1）若呼吸防护用品生产者或经销者能向使用者提供适合性检验，可帮助使用者选择适合的密合型面罩，适合性检验方法参见附录 E。

2）胡须或过长的头发会影响面罩与面部之间的密合性，使用者应预先刮净胡须，避免将头发夹在面罩与面部皮肤之间。

3）应考虑使用者面部特征，若因疤痕、凹陷的太阳穴、非常凸出的颧骨、皮肤褶皱、鼻畸形等影响面部与面罩的密合时，应选择与面部特征无关的面罩。

（2）舒适性。应评价作业环境，确定作业人员是否将承受物理因素（如高温）的不良影响，选择能够减轻这种不良影响、佩戴舒适的呼吸防护用品，如选择有降温功能的供气式呼吸防护用品。

（3）视力矫正。视力矫正眼镜不应影响呼吸防护用品与面部的密合性。若呼吸防护用品提供使用矫正镜片的结构部件，应选用适合的视力矫正镜片，并按照使用说明书要求操作使用。

（4）不适合使用呼吸防护用品的身体状况。应征求工业卫生医师的建议，对有心肺系统病史、对狭小空间和呼吸负荷存在严重心理应激反应的人员，应考虑其使用呼吸防护用品的能力。

三、呼吸防护用品使用

1. 一般原则

（1）任何呼吸防护用品的防护功能都是有限的，应让使用者了解所使用的呼吸防护用品的局限性。

（2）使用任何一种呼吸防护用品都应仔细阅读产品使用说明，并严格按要求使用。

（3）应向所有使用人员提供呼吸防护用品使用方法培训。在必须配备逃生型呼吸防护用品的作业场所内的有关作业人员和其他进入人员，应接受逃生型呼吸防护用品使用方法培训。SCBA 应限于受过专门培训的人员使用。

（4）使用前应检查呼吸防护用品的完整性、过滤元件的适用性、电池电量、气瓶储气量等，消除不符合有关规定的现象后才允许使用。

（5）进入有害环境前，应先佩戴好呼吸防护用品。对于密合型面罩，使用者应做佩戴气密性检查，以确认是否密合。

（6）在有害环境作业的人员应始终佩戴呼吸防护用品。

（7）不允许单独使用逃生型呼吸防护用品进入有害环境，只允许从中离开。

（8）当使用中感到异味、咳嗽、刺激、恶心等不适症状时，应立即离开有害环境，并应检查呼吸防护用品，确定并排除故障后方可重新进入有害环境；若无故障存在，应更换有效的过滤元件。

（9）若呼吸防护用品同时使用数个过滤元件，如双过滤盒，应同时更换。

（10）若新过滤元件在某种场合迅速失效，应重新评价所选过滤元件的适用性。

（11）除通用部件外，在未得到呼吸防护用品生产者认可的前提下，不应将不同品牌的呼吸防护用品部件拼装或组合使用。

（12）应对所有使用呼吸防护用品的人员进行定期体检，定期评价其使用呼吸防护用品的能力。

2. IDLH 环境下呼吸防护用品的使用

（1）在缺氧危险作业中使用呼吸防护用品应符合 GB 8958 的规定。

（2）在空间允许的条件下，应尽可能由两人同时进入 IDLH 环境作业，并应配安全带和救生索；在 IDLH 区域外应至少留一人与进入人员保持有效联系，并应配备救生和急救设备。

3. 低温环境下呼吸防护用品的使用

（1）全面罩镜片应具有防雾或防霜的能力。

（2）供气式呼吸防护用品或 SCBA 使用的压缩空气或氧气应干燥。

（3）使用 SCBA 的人员应了解低温环境下的操作注意事项。

4. 过滤式呼吸防护用品过滤元件的更换

（1）防尘过滤元件的更换。防尘过滤元件的使用寿命受颗粒物浓度、使用者呼吸频率、过滤元件规格及环境条件的影响。随颗粒物在过滤元件上的富集，呼吸阻力将逐渐增加以致不能使用。当下述情况出现时，应更换过滤元件：

1）使用自吸过滤式呼吸防护用品人员感觉呼吸阻力明显增加时。

2）使用电动送风过滤式防尘呼吸防护用品人员确认电池电量正常，而送风量低于生产者规定的最低限值时。

3）使用手动送风过滤式防尘呼吸防护用品人员感觉送风阻力明显增加时。

（2）防毒过滤元件的更换。防毒过滤元件的使用寿命受空气污染物种类及其浓度、使用者呼吸频率、环境温度和湿度条件等因素影响。一般按照下述方法确定防毒过滤元件的更换时间。

1）当使用者感觉空气污染物味道或刺激性时，应立即更换。

注：利用空气污染物气味或刺激性判断过滤元件失效具有局限性。

2）对于常规作业，建议根据经验、实验数据或其他客观方法，确定过滤元件更换时间表，定期更换。

3）每次使用后记录使用时间，帮助确定更换时间。

4）普通有机气体过滤元件对低沸点有机化合物的使用寿命通常会缩短，每次使用后应及时更换；对于其他有机化合物的防护，若两次使用时间相隔数日或数周，重新使用时也应考虑更换。

5. 供气式呼吸防护用品的使用

（1）使用前应检查供气气源质量，气源不应缺氧，空气污染物浓度不应超过国家有关的职业卫生标准或有关的供气空气质量标准。

（2）供气管接头不允许与作业场所其他气体导管接头通用。

（3）应避免供气管与作业现场其他移动物体相互干扰，不允许碾压供气管。

四、呼吸防护用品维护

1. 呼吸防护用品的检查与保养

（1）应按照呼吸防护用品使用说明书中有关内容和要求，由受过培训的人员实施检查和维护，对使用说明书未包括的内容，应向生产者或经销者咨询。

（2）应对呼吸防护用品做定期检查和维护。

（3）SCBA 使用后应立即更换用完的或部分使用的气瓶或呼吸气体发生器，并更换其他过滤部件。更换气瓶时不允许将空气瓶和氧气瓶互换。

（4）应按国家有关规定，在具有相应压力容器检测资格的机构定期检测空气瓶或氧气瓶。

（5）应使用专用润滑剂润滑高压空气或氧气设备。

（6）不允许使用者自行重新装填过滤式呼吸防护用品滤毒罐或滤毒盒内的吸附过滤材料，也不允许采取任何方法自行延长已经失效的过滤元件的使用寿命。

2. 呼吸防护用品的清洗与消毒

（1）个人专用的呼吸防护用品应定期清洗和消毒，非个人专用的每次使用后都应清洗和消毒。

（2）不允许清洗过滤元件。对可更换过滤元件的过滤式呼吸防护用品，清洗前应将过滤元件取下。

（3）清洗面罩时，应按使用说明书要求拆卸有关部件，使用软毛刷在温水中清洗，或在温水中加入适量中性洗涤剂清洗，清水冲洗干净后在清洁场所避日风干。

（4）若需使用广谱消毒剂消毒，在选用消毒剂时，特别是需要预防特殊病菌传播的情形，应先咨询呼吸防护用品生产者和工业卫生专家。应特别注意消毒剂生产者的使用说明，如稀释比例、温度和消毒时间等。

3. 呼吸防护用品的储存

（1）呼吸防护用品应保存在清洁、干燥、无油污、无阳光直射和无腐蚀性气体的地方。

（2）若呼吸防护用品不经常使用，建议将呼吸防护用品放入密封袋内储存。储存时应避免面罩变形。

（3）防毒过滤元件不应敞口储存。

（4）所有紧急情况和救援使用的呼吸防护用品应保持待用状态，并置于适宜储存、便于管理、取用方便的地方，不得随意变更存放地点。

第五招
环境变化大 工服来保驾
——服装防护装备选用

一、服装防护装备分类

服装防护装备有多种种类，见表11。

表11 服装防护装备分类

防护装备名称	特点	分级	级别指标	参考适用范围
一般工作服	一般由棉布或化纤织物制作	—	—	没有特殊要求的一般作业场所
防静电服	内含导电纤维或浸涂抗静电剂，降低静电聚积，可与防静电毛针织服、防静电鞋、防静电袜配套穿用	A级	点对点电阻：$(1\times10^5\sim1\times10^7)\ \Omega$ 带电电荷量：$<0.2\ \mu C$	静电敏感区域及火灾和爆炸危险场所
		B级	点对点电阻：$(1\times10^7\sim1\times10^{11})\ \Omega$ 带电电荷量：$0.20\sim0.60\ \mu C$	火灾及爆炸危险场所

续表

防护装备名称	特点	分级	级别指标	参考适用范围
防静电毛针织服	防静电纤维纱与羊毛纱、棉纱、腈纶等化学纤维混纺或交织、缝制而成，防止静电电荷积聚，可与防静电服、防静电鞋、防静电袜配套穿用	—	—	石油、化工、医药、航天、食品、电子、运输、军工、煤矿开采等因静电聚积引发电击、火灾及爆炸危险的作业场所
防尘洁净服	防一般性粉尘及静电聚积	—	—	矿山、建材、化工、冶金、食品、医药、军工等洁净作业场所
医用防护服	能阻隔带有微生物、细菌等病毒的血液、体液、分泌物	—	—	医务人员、急救人员和警务人员的防护
高可视性警示服	带有逆反射材料，具有高可视性	—	—	从事公共事业，如警察、消防队员、清洁工人等起警示作用的作业场所
防寒服	保温性良好、导热系数小、吸热效率高	—	—	冬季室外作业或常年低温环境作业
阻燃防护服	耐高温、阻燃、隔离辐射热、防飞溅火星及熔融物	A级	热防护系数（皮肤直接接触） ≥ 126 kW·s/m^2 热防护系数（皮肤与服装间有空隙） ≥ 250 kW·s/m^2 续燃时间≤ 2 s 阴燃时间≤ 2 s 损毁长度≤ 50 mm	工业炉窑、金属热加工、焊接、化工、石油、电力、航天等有明火、散发火花、在熔融金属附近操作有辐射热和对流热的场合穿用

续表

防护装备名称	特点	分级	级别指标	参考适用范围
阻燃防护服	耐高温、阻燃、隔离辐射热、防飞溅火星及熔融物	B级	续燃时间≤ 2 s 阴燃时间≤ 2 s 损毁长度≤ 100 mm	工业炉窑、金属热加工、焊接、化工、石油、电力、航天等有明火、散发火花、有易燃物质并有发火危险的场所穿用
		C级	续燃时间≤ 5 s 阴燃时间≤ 5 s 损毁长度≤ 150 mm	工业炉窑、金属热加工、焊接、化工、石油、电力、航天等临时、不长期使用的，从事在有易燃物质并有发火危险的场所穿用
焊接防护服	阻燃、抗熔融金属液滴冲击	A级	热防护系数（皮肤直接接触） ≥ 126 kW · s/m^2 热防护系数（皮肤与服装间有空隙） ≥ 250 kW · s/m^2 续燃时间≤ 2 s 阴燃时间≤ 2 s 损毁长度≤ 50 mm	操作人员头部及躯干局部或整体暴露于焊接及相关作业过程中产生的由上而下坠落的熔滴飞溅环境之中，或操作人员囿于操作位置或空间的限制无法有效躲避熔滴飞溅和弧光辐射的作业
		B级	续燃时间≤ 4 s 阴燃时间≤ 4 s 损毁长度≤ 100 mm	操作人员身体局部暴露于焊接及相关作业过程中产生熔滴飞溅和弧光辐射中的作业
		C级	续燃时间≤ 5 s 阴燃时间≤ 5 s 损毁长度≤ 150 mm	焊接或切割操作过程中没有或很少火焰或弧光辐射，金属熔滴飞溅很少的作业

续表

防护装备名称	特点	分级	级别指标	参考适用范围
X射线防护服	由含铅橡胶、塑料等其他复合材料制成，可防护人体免受X射线危害	—	—	用于医疗卫生等存在X射线危害的场所
100 keV以下辐射防护服	由不含铅的材料制成	—	—	防100 keV以下辐射作业
酸碱类化学品防护服	防御酸碱类化学品直接损害皮肤或经皮肤吸收伤害人体	一级	织物洗后穿透时间：$(3 \leqslant t < 5)$ min 非织物渗透时间：$(90 \leqslant t < 120)$ min 织物洗后耐液体静压力：$(175 \leqslant p < 520)$ Pa	织物类适用于中轻度酸碱污染场所，非织物类适用于严重酸碱污染场所，参见GB/T 24536—2009中5.2
		二级	织物洗后穿透时间：$(5 \leqslant t < 10)$ min 非织物渗透时间：$(120 \leqslant t < 240)$ min 织物洗后耐液体静压力：$(520 \leqslant p < 1\,020)$ Pa	
		三级	织物洗后穿透时间：$t \geqslant 10$ min 非织物渗透时间：$t \geqslant 240$ min 织物洗后耐液体静压力：$p \geqslant 1\,020$ Pa	

续表

防护装备名称	特点	分级	级别指标	参考适用范围
带电作业用屏蔽服装	具有电磁屏蔽和阻燃性，整套服装各远点之间的电阻值均小于 20 Ω	Ⅰ型	电压等级为交流 110（66）~ 500 kV、直流 ± 500 kV 及以下	在电压等级交流 110（66）~ 500 kV、直流 ± 500 kV 及以下电气设备上带电作业
		Ⅱ型	电压等级为交流 750 kV	在电压等级交流 750 kV 的电气设备上带电作业
防辐射服	内含金属材料，可衰减或消除作用于人体的电磁能量	—	—	通信、航空、医疗、雷达、高压变电等大功率雷达和类似电磁辐射作业场所
高压静电防护服	导电材料与纺织纤维混纺交织而成，能有效防护人体免受高压电场及电磁波的影响	—	—	在 330 ~ 500 kV 塔上作业的低电位作业场所
中子辐射防护服	由面料、功能防护内衬及里料三层组成，内衬采用防中子辐射纤维经非织造加工而成	—	—	用于原子能、医疗卫生、石油测井、地质勘探等存在中子辐射的场所
救生衣	具有一定的浮力，防人员落水沉溺	—	—	有落水危险的场所
浸水服	具有一定的浮力，能保持落水者体温，醒目可视	—	—	在水面或水面附近有落水危险的作业场所

二、化学防护服选用

1. 总则

（1）暴露在能够或可能危害健康的作业环境中的人员，均应选用适合的个体防护装备。

（2）应首先考虑运用工程控制和管理措施避免有害因素的产生。若工程控制和管理措施无法实施或经危害评估确认不能消除有害因素时，应在充分评估危害和化学防护服防护性能的基础上选择适合的化学防护服。化学防护服分类见表 12。

表 12　化学防护服分类

化学防护服分类	气密型化学防护服 –ET	非气密型化学防护服 –ET	液密型化学防护服			颗粒物防护服
			喷射液密型化学防护服	喷射液密型化学防护服 –ET	泼溅液密型化学防护服	
类别代号	1–ET	2–ET	3a	3a–ET	3b	4

（3）应选用符合标准要求的化学防护服。

（4）化学防护服的防护性能满足要求时，应选择物理机械性能和舒适性更好的服装。

（5）选择的呼吸防护用品、手套、靴套等配套个体防护装备，应与化学防护服相兼容。

2. 化学防护服的选择

（1）根据化学物质状态选择：

1）气体及蒸气防护。对以气体及蒸气状态存在于作业环境空气中的化学物质的防护，可选择气密型和非气密型化学防护服。

选择原则如下：

①对未知化学物质气体及蒸气的防护，宜选择气密型化学防护服 –ET。

②作业环境空气中的化学物质浓度高于 IDLH 浓度时，宜选择气密型化学防护服 –ET。

③作业环境空气中的化学物质浓度低于 IDLH 浓度时，宜选择非气密型化学防护服 –ET。

2）液体防护。对作业环境液体化学物质的防护可选择气密型、非气密型和液密型化学防护服。选择原则如下：

①对易挥发的液体化学物质，应按照气体及蒸气防护的原则选择化学防护服。

②对无法判别压力高低的液体化学物质，宜选择喷射液密型化学防护服 –ET。

③对较高压力的液体化学物质，宜选择喷射液密型化学防护服。

④对无压力或较低压力的液体化学物质，宜选择泼溅液密型化学防护服。

⑤气密型化学防护服 –ET 和非气密型化学防护服 –ET 也适用于液体防护中②、③和④；喷射液密型化学防护服 –ET 也适用于液体防护中③和④；喷射液密型化学防护服也适用于液体防护中④。

3）固体防护。对作业环境固体化学物质的防护可选择气密型、非气密型和液密型化学防护服。选择原则如下：

①对易升华的固体化学物质，应按照气体及蒸气防护的原则选择化学防护服。

②对其他固体化学物质，宜选择液密型化学防护服。

③对有摄入性危害的固体化学物质，宜选择颗粒物防护服。

④气密型化学防护服 –ET 和非气密型化学防护服 –ET 也适用于固体防护中②；液密型化学防护服也适用于固体防护

中③。

注：固体化学物质不包括飘浮在空气中的固态颗粒物。

4）颗粒物防护。对作业场所颗粒物的防护可选择颗粒物防护服，以及气密型、非气密型和液密型化学防护服。选择原则如下：

①对易挥发和易升华颗粒物，应按照气体及蒸气防护的原则选择化学防护服。

②对未知的颗粒物的防护，宜选择气密型化学防护服–ET。

③对不易挥发的高毒性颗粒物，宜选择气密型化学防护服–ET，危害程度较低时也可选择非气密型化学防护服–ET。

④对不易挥发的雾状液体，宜选择液密型化学防护服。

⑤对固体粉尘（包括非毒性漆雾），宜选择颗粒物防护服。

5）不同状态的有害化学物质的同时防护。若作业环境中同时存在不同状态的有害化学物质，应按照最优防护的原则选择化学防护服，即所选择的化学防护服应尽可能对作业环境中所有有害因素提供防护。

（2）根据化学防护服等级选择：

1）化学防护服防护性能级别。宜选择所需化学防护服类别中性能等级较高的防护服。

注：化学防护服防护性能级别见 GB 24539。

2）多次性使用和有限次使用化学防护服。多次性使用的化学防护服的选择原则如下：

①经常性的暴露于已知污染物。

②具备有效的洗消方法。

③多次穿着、暴露和洗消不会影响化学防护服的性能。

注1：多次性使用的化学防护服洗消处理后应进行评估，确认可以提供有效防护才可再次使用。

注2：化学防护服使用者需自行判断服装被污染的程度以及洗消的可靠性。

有限次使用的化学防护服的选择原则如下：

①未知的暴露环境。

②没有建立有效的洗消方法。

③洗消结果有效，但有可能危及化学防护服的防护性能或耐久性。

（3）根据作业环境选择。根据作业环境选择还应考虑以下情况：

1）在不允许有静电的作业环境中，所选择的化学防护服应附加有防静电功能。

2）在可燃、易燃或有火源的作业环境中，所选择的化学防护服应附加有相应的功能。

3）在高温或低温作业环境中，所选择的化学防护服应具有相应的环境适应性。

4）在可能存在物理危害（如切割、刺穿、高磨损等）的作业环境中，所选择的化学防护服宜附加有相应的防护功能。

5）结合作业环境的特点，宜选择具有警示性的化学防护服。

（4）根据作业人员生理需求选择。在符合其他规定的基础上，还应考虑作业人员的生理需求：

1）舒适性。在确定化学防护服的防护性能和物理性能符合预期要求后，还应充分考虑对人员舒适性的影响。如重量轻、质地柔软的化学防护服对人员作业能力的限制小；热负荷较低的化学防护服具有较高的舒适性，附加有降温功能的化学防护服可以降低人员的热负荷等。

2）适体性。选择的化学防护服号型应适合使用者的体征，以保证穿着的舒适性和防护的可靠性。

3. 使用效果评估

使用单位的相关管理人员应评估化学防护服在实际作业环境中的使用效果，确认选择的化学防护服适用于作业环境。若化学防护服不能满足作业环境的要求，应重新选择化学防护服。

4. 化学防护服选择流程

化学防护服的选择流程参见图3。

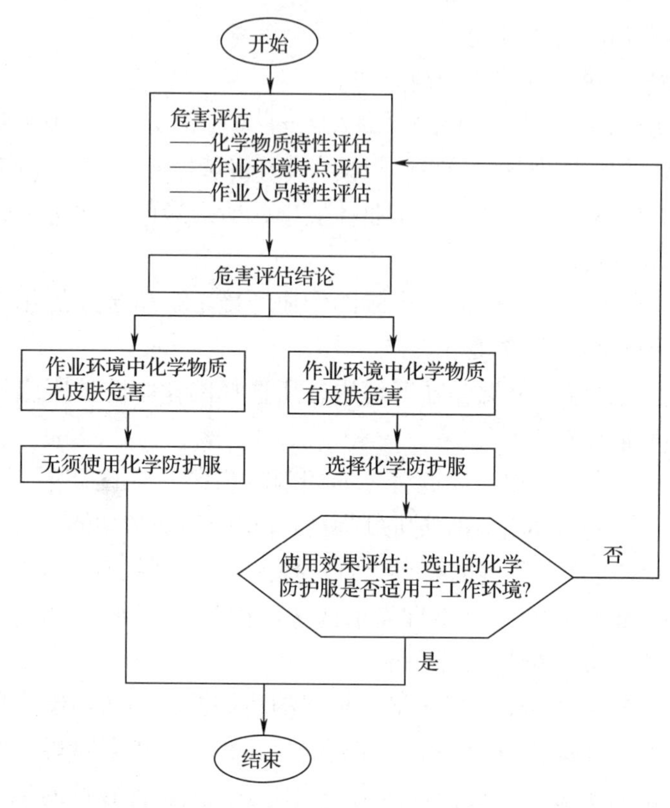

图3　化学防护服选择流程

三、化学防护服使用

1. 总则

（1）任何化学防护服的防护功能都是有限的，使用者应了解化学防护服的局限性。

（2）使用任何一种化学防护服都应仔细阅读产品使用说明，并严格按要求使用。

（3）应向所有使用者提供化学防护服和与之配套的其他个体防护装备使用方法培训。

（4）使用前应检查化学防护服的完整性以及与之配套的其他个体防护装备的匹配性等，在确认化学防护服和与之配套的其他个体防护装备完好后方可使用。

（5）进入化学污染环境前，应先穿好化学防护服及配套个体防护装备；污染环境中作业人员，应始终穿着化学防护服及配套个体防护装备。

（6）化学防护服被化学物质持续污染时，必须在其规定的防护性能（标准透过时间）内更换。

（7）若化学防护服在某种作业环境中迅速失效，如使用人员在使用中出现皮肤瘙痒、刺痛等危害症状时，应停止使用并重新评估所选化学防护服的适用性。

（8）应对所有化学防护服的使用者进行职业健康监护。

（9）在使用化学防护服前，应确保其他必要的辅助系统（如供气设备、洗消设备等）准备就绪。

2. 使用要求

（1）应有完善的化学防护服发放管理制度及使用前培训制度。

（2）应按要求向使用者及辅助人员准确发放化学防护服，并进行培训。

（3）化学防护服应按要求进行穿脱和安全使用。

（4）在使用化学防护服的过程中，使用者不应进入不必防护的区域，不应吸烟、饮食、化妆、去卫生间等。

（5）为减少交叉污染，化学防护服应按规定脱除，必要时可有辅助人员帮忙。下述方法可有效地阻止污染物的扩散：

1）在要求洗消时，应先洗消再脱除化学防护服。

2）脱除化学防护服时，宜使内面翻外，减少污染物的扩散。

3）脱除受污染的化学防护服时，宜最后脱除呼吸防护用品。

注：交叉污染包括人员之间、装备之间以及装备与普通工作服之间等发生的交叉污染。

（6）受污染的化学防护服脱除后，需洗消的应按要求的方法进行及时洗消，未进行充分洗消的应置于具有警示性的指定区域，宜密闭存放。

（7）有限次使用的化学防护服已被污染时应该被弃用。

（8）需废弃的化学防护服的处理应符合相关的安全和环保方面的要求。

（9）污染物会影响多次性使用的化学防护服的防护性能，快速有效地清洁污染物能延长其再使用寿命或次数。多次性使用的化学防护服经洗消处理后，需对其进行评估，在确保安全后方可再次使用。

（10）进行高劳动强度、高热负荷工作时，应规定最长的工作时间和安排一定的休息时间；若不能满足这些要求，宜选用长管供气及降温系统，以适当延长作业时间。

3. 培训

化学防护服的功效取决于使用者对产品信息的掌握和正确使用。应结合产品信息和作业环境特点，对化学防护服使用者、管理人员以及其他相关人员（如辅助人员、维护人员）进行培训。培训内容包括使用方法、洗消方法、对化学防护服缺陷及污染情况的识别、维护方法等。培训应强调安全地穿脱和使用的方法。使用时应避免化学防护服的物理机械损坏。培训应制度化并由专业人员进行，所有培训应有书面记录，培训内容应适时更新。

培训后人员应至少具有以下知识：

（1）作业环境中化学危害的性质、程度以及对健康的影响（包括皮肤影响）。

（2）对作业环境采取工程控制和管理措施后的剩余风险的说明。

（3）化学防护服的抗化学物质渗透、穿透的概念。

（4）化学防护服的使用目的、功能、使用方法、局限性。

（5）在用于其他作业环境时所用化学防护服的适应性和局

限性。

（6）化学防护服的检查（包括日常检查、穿着前检查和穿着状态检查等），检查规定见 5.4。

（7）化学防护服使用训练中应注意的问题。

（8）化学防护服在工作状态下的穿脱演示。

（9）穿着化学防护服时对个人卫生的特别要求以及相应训练。

（10）医学监控和所处环境危害评估的必要性。

（11）受到危害的症状以及热负荷对人员的影响，预防性医疗措施和异常反应时的急救方法。

（12）化学防护服不能再提供有效防护的警示性信息，包括手或身体其他部位的异常变化，如变红、肿胀、烧灼感、眩晕、头痛、恶心等。

（13）如何避免对化学防护服造成不必要的污染。

（14）化学防护服的维护和储存。

（15）化学防护服的可使用时间、洗消方法和安全性评估方法。

4. 检查

（1）验收检查。化学防护服采购验收时，验收人员应对产品的外观质量和标识性能的适宜性进行严格检查。

（2）储存中检查。对储存中的化学防护服，应检查相应的符合性。

（3）使用检查：

1）穿着前检查。每次使用化学防护服时，使用者应检查它的完好性。

检查部位包括面料、视窗、手套、靴套、接缝、闭合处等；检查内容包括裂纹、划痕、破洞、部件故障等。对于全包覆式防护服还应检查它的气密性及液密性。

2）穿着状态检查。化学防护服穿着完毕后，检查人员或不同穿着人员之间要对化学防护服穿着状态进行检查。检查部位包括面料、视窗、手套、靴套、接缝、闭合处等；检查内容包括服装是否有破损、服装穿着状态是否良好等，如拉链闭合完好、门襟叠合平整等。

四、化学防护服维护

1. 总则

化学防护服的维护是为了保持化学防护服系统处于可靠状态。管理人员应按照产品使用与维护说明书的要求对化学防护服进行维护。

2. 修理

化学防护服的修理包括对裂纹、划痕、破洞、部件故障等的修理。

修理后的化学防护服应满足 GB 24539 的相关要求。

3. 洗消

（1）受污染的化学防护服应及时洗消。化学物质接触化学防护服后，非渗透性的化学物质会附着在化学防护服表面形成表面污染物，影响化学防护服的防护性能；渗透性的化学物质能进入化学防护服内部，降低化学防护服性能并引起皮肤危害。

（2）对洗消污水及洗消剂的处理应符合相关环保规定。

（3）化学防护服洗消时，洗消人员应确认化学防护服上存在的化学污染物及其相应危害。

（4）生产商和供应商应提供化学防护服的洗消信息。这些信息包括洗消（如洗消方法、设备、清洁剂、温度、禁忌等）、干燥（如干燥方法、温度、禁忌等）、洗消后物理性能或其他性能的改变、洗消后检验和测试方法。

（5）洗消后的化学防护服应满足 GB 24539 的相关要求。

4. 储存

化学防护服应储存在避光、温度适宜、通风合适的环境中，应与化学物质隔离储存。

已使用过的化学防护服应与未使用的化学防护服分别储存。

生产商或供应商应提供化学防护服的日常以及使用前后的正确储存方法。

气密型化学防护服应按照生产商或供应商提供的信息，在储存过程中定期对化学防护服进行检查。

第六招 手套要常备 安全无缝隙

——手部防护装备选用

一、手部防护用品分类

防护手套有多种类型，见表 13。

表 13　　防护手套分类

防护装备名称	特点	分级	级别指标	参考适用范围
带电作业用绝缘手套	具有良好绝缘性能	0 级	交流试验最低耐受电压 10 kV，直流试验最低耐受电压 20 kV	适用于 380 V 等级电压作业
		1 级	交流试验最低耐受电压 20 kV，直流试验最低耐受电压 40 kV	适用于 3 000 V 等级电压作业
		2 级	交流试验最低耐受电压 30 kV，直流试验最低耐受电压 60 kV	适用于 10 000 V 等级电压作业

续表

防护装备名称	特点	分级	级别指标	参考适用范围
带电作业用绝缘手套	具有良好绝缘性能	3 级	交流试验最低耐受电压 40 kV，直流试验最低耐受电压 70 kV	适用于 20 000 V 等级电压作业
		4 级	交流试验最低耐受电压 50 kV，直流试验最低耐受电压 90 kV	适用于 35 000 V 等级电压作业
耐酸碱手套	一般由橡胶、乳胶和塑料等材质制成、耐酸碱	—	—	化工、印染、皮革、电镀、热处理作业或农、林、渔等行业
焊工手套	防熔融金属滴落、短时接触有限火焰、对流热、传导热和弧光的紫外线辐射以及机械性伤害	—	—	气割、气焊、电焊及其他焊接作业场所
耐油手套	耐油、耐溶剂、耐磨、耐撕裂	—	—	存在油、脂类化学物质，石油化工产品及润滑剂和各种溶剂的工作场所
浸塑手套	防水、防污、防酸碱、防油、防有机溶剂及防轻微机械伤害	—	—	接触酸碱、油污、有机溶剂等作业
防静电手套	消除静电或避免静电、尘埃聚积	—	—	电子、仪表、石化等行业存在燃烧、爆炸危险场所
耐高温阻燃手套	耐高温、阻燃	—	—	冶炼炉前工或其他炉窑工种

续表

防护装备名称	特点	分级	级别指标	参考适用范围
防振手套	手掌面添加一定厚度的泡沫塑料、乳胶以及空气夹层等吸收振动	—	—	手持振动机械，如风钻、风铲、油锯等作业
防水手套	防水	—	—	涉水作业
防X射线手套	对X射线具有屏蔽作用	—	—	X射线工作场所
森林防火手套	防御高温辐射、烧灼	—	—	森林灭火作业
防机械伤害手套	防摩擦、切割、穿刺等机械危害	1级	耐摩擦性 / 周期：100 耐切割性 / 指数：1、2 耐撕裂性 /N：10 耐穿刺性 /N：20	适用于接触、使用锋利器物的不同等级机械危害作业，如金属加工打毛清边、玻璃加工与装配
		2级	耐摩擦性 / 周期：500 耐切割性 / 指数：1、2 耐撕裂性 /N：10 耐穿刺性 /N：20	
		3级	耐摩擦性 / 周期：2 000 耐切割性 / 指数：5 耐撕裂性 /N：50 耐穿刺性 /N：100	
		4级	耐摩擦性 / 周期：8 000 耐切割性 / 指数：10 耐撕裂性 /N：75 耐穿刺性 /N：150	
		5级	耐切割性 / 指数：20	

二、手部防护用品管理要求

（1）用人单位应制定手部防护相关的管理制度，保障作业人员手部免受伤害。

（2）手部防护管理制度应包括以下内容：

1）手部的危害辨识和危害评价。

2）危害控制。

3）根据需要选择适当的防护手套。

4）正确使用和维护手套。

5）监督防护手套的使用情况，落实手套的使用记录，使用记录的内容包括：

①防护手套的名称（包含类型和规格）。

②生产 / 出厂时间。

③检查和测试的记录。

④可重复使用的防护手套的使用记录，包括使用日期、使用情况和使用者的名字。

⑤清洗 / 除污相关记录。

⑥弃用日期和原因。

6）为作业人员提供培训和安全教育，培训内容应包括：

①安全生产相关法律法规。

②存在的有害因素和危害性。

③佩戴个体防护装备的重要性和局限性。

④防护手套的使用、检查和维护方法。

⑤正确使用防护手套和应注意的事项。

⑥手部事故的应急措施。

三、手部防护用品选择方法

1. 一般原则

（1）应选择符合相关国家标准要求的产品。

（2）应选择能提供足够防护、符合人类工效学、穿戴舒适、操作灵活的防护手套。

（3）若手部同时受到多种因素危害，应选用同时能防御相应危害的防护手套，或者多层穿戴，并保证防护的有效性兼顾使用的灵活性。

（4）要求供应商提供手套的制作材料清单，避免选用含有引起使用者过敏反应物质的手套。

2. 选择方法

根据危害评价的结果以及作业类别确定防护需求，选择合适的防护手套，步骤如下：

（1）确定需要的防护手套类型。

（2）查阅产品标准要求。

（3）确定手套的性能需求。

（4）选择合适的材质以提供必要的防护。

（5）选择合适的防护范围，且尺寸适当、佩戴舒适的手套。

四、不同作业类别防护手套选择

根据作业类别选择防护手套见表 14。

表14　　不同作业类别防护手套选择（示例）

编号	有害因素	举例	可选用的防护手套	相关标准
1	摩擦/切割/撕裂/穿刺	破碎、锤击、铸件切割、砂轮打磨、金属加工的打毛清边、玻璃装配与加工	机械危害防护手套	GB 24541—2009
2	手持振动机	手持风钻、风铲、油锯	防振手套	
3	电击	高/低压线路或设备带电维修	带电作业用绝缘手套	GB/T 17622—2008
4	易燃易爆	接触火工材料、易挥发易燃的液体及化学品，可燃性气体作业，如汽油、甲烷等；接触可燃性化学粉尘的作业，如镁铝粉；井下作业	防静电手套	GB/T 22845—2009
5	化学品	接触氯气、汞、有机磷农药、苯和苯的二及三硝基化合物等的作业；酸洗作业；染色、油漆、有关的卫生工程，设备维护，注油作业	化学品防护手套	GB 28881—2012
6	小颗粒熔融金属	电弧焊、气焊	焊工防护手套	AQ 6103—2007
7	X线作业	X射线检测，医用X关机使用	防X线手套	AQ 6104—2007
8	低温	冰库、低温车间、寒冷室外作业	防寒手套	

续表

编号	有害因素	举例	可选用的防护手套	相关标准
9	高温	冶炼、烧铸、热轧、锻造、炉窑	耐高温手套	

注 1：防振手套、防寒手套、耐高温手套可分别参考 BS EN ISO 10819：1997、BS EN 511：2006、BS EN 407：2004。

注 2：接触易燃易爆化学品时，同时佩戴化学品防护手套和防静电手套，或具有防护相关化学品的防静电手套。

五、化学品防护手套选择和使用

1. 选择

当选择防御化学品防护手套时应注意以下问题：

（1）手套是否要求具有防渗透性能，手套渗透产生的危害可能取决于接触化学品的程度。

（2）如果防渗透性能是必需的，应根据持续接触化学品可接受的最短透过时间选择防护手套（渗透测试是持续接触化学品，在间歇性接触的条件下渗透时间可能会延长）。

（3）作业环境中是否接触会导致手套降解的化学品。

（4）作业环境中应注意生产的机械伤害可能会影响手套防御化学品的性能。

（5）在特别高温或低温的作业环境下选择具有隔热性能的化学品防护手套。

（6）确保选择的手套（如材料、结构）不会有损使用者的安全和健康。

（7）确定选择可重复使用或限次使用的手套。

（8）提供采购规范，确保供应商能够供应符合质量要求的手套。

（9）检查产品合格证、说明书及防护标识（参见附录 D）。

（10）考虑手套的维护条件。

（11）验证手套的适用性，如初次使用前绝缘手套需进行耐压测试，防化学品手套需进行化学品防护测试。

2. 建议

（1）使用者可以查阅资料或说明书了解手套的抗穿透性能和不同手套材质在化学品中的抗渗透性能。同时，制造商 / 供应商应为使用者提供选择化学品防护手套的相关建议和服务。

（2）当选择化学品防护手套时，应综合考虑手套的降解性、渗透率和透过时间。

（3）防护手套使用过程中沾染上有害有毒物质无法重复使用时，可参照图 B.1 的方法脱掉防护手套，避免接触皮肤和衣服，造成二次污染。

六、防护手套使用和维护

1. 一般原则

（1）任何防护手套的防护功能都是有限的，使用者应了解所使用防护手套功能的局限性。

（2）严格按照产品说明书进行使用，不应使用超过使用期限的手套。

（3）正确佩戴防护手套，避免同一双手套在不同作业环境中使用。

（4）操作转动机械作业时，禁止使用编织类防护手套。

（5）佩戴手套时应将衣袖口套入手套内，以防发生意外。

（6）手套使用前后应清洁双手。

（7）不应与他人共用手套。

2. 使用前后检查

（1）使用前佩戴者应检查防护手套有无明显缺陷，损坏的防护手套不允许继续使用。防护手套出现下列情形应更换新的防护手套：

1）产品说明书要求更换的情形。

2）渗透。

3）裂痕。

4）缝合处开裂。

5）严重磨损。

6）变形、烧焦、融化或发泡。

7）僵硬、洞眼。

8）发黏或发脆。

（2）有液密性和气密性要求的手套表面出现不明显的针眼，可以采用充气法将手套膨胀至原来的 1.2 ~ 1.5 倍，浸入水中，检查是否漏气。

（3）使用后佩戴者应清洁并检查防护手套，出现应报废的情形应进行报废处理。

3. 性能检测

防护手套应根据相关标准或产品说明书要求定期进行性能检测，如绝缘手套每 6 个月进行一次绝缘性能检测。

4. 清洁和储存

（1）应按照产品说明书要求对防护手套进行适当的清洗和保养。

（2）防护手套应储存在清洁、干燥通风、无油污、无热源或阳光直射、无腐蚀性气体的地方。

5. 报废原则

当防护手套出现下列情况之一，即予报废处理，包括：

（1）进行外观检查时，出现不允许继续使用特征的防护手套。

（2）防护手套超过产品说明书规定的有效使用期限或存储期限。

（3）进行定期检验后，防护性能不符合国家现行标准要求的防护手套。

（4）出现使用说明书中规定的其他报废条件。

第七招 脚蹬防护鞋 险处保安全

——足部防护装备选用

一、足部防护装备分类

足部防护装备有多种类型，见表 15。

表15 足部防护装备类型

防护装备名称	特点	分级	级别指标	参考适用范围
保护足趾安全鞋	鞋头装有金属或非金属内包头，防砸、防挤压	全安型	冲击能量≥（200±4）J 耐压力:（15±0.1）kN	冶金、矿山、林业、港口、装卸、采石等存在高能量物体冲击砸伤足部的危险作业
		防护型	冲击能量≥（100±2）J 耐压力:（10±0.1）kN	机械、建筑、石油化工等存在低能量冲击砸伤足部的危险作业
胶面防砸安全靴	防坠落物砸伤、挤压足趾、防水	—	—	存在物体砸伤足部危险、有水或地面潮湿的环境中
防刺穿鞋	在鞋的内底与外底之间装有防刺穿垫	—	—	存在锐利物的作业场所
防静电鞋	防止静电聚积，避免不慎触及低于 250 V 工频电而产生的电击	—	—	由静电引起的潜在电气故障、易燃易爆场所

续表

防护装备名称	特点	分级	级别指标	参考适用范围
导电鞋	具有良好的导电性能，可在短时间内消除人体静电聚积	—	—	由静电引起的潜在电气故障、易燃、易爆，但没有电击危险的作业场所
电绝缘鞋	使人的足部与带电物体隔绝、预防触电伤害	—	—	电气设备上工作的场所
耐化学品的工业用橡胶靴、模压塑料靴	防酸、碱及相关化学品溶液的腐蚀、烧烫	—	—	化工（化肥）、医药（农药）等行业涉及酸、碱、化学药品等作业
耐油防护鞋	防汽油、柴油、机油、煤油等化学油品	—	—	地面积油或溅油的作业场所
高温防护鞋	防热辐射、飞溅的熔融金属火花或在热物面（一般不超过300℃）上短时间作业时的烫伤或灼伤	—	—	冶炼、金属热加工、焦化、工业炉窑等高温作业场所
低温环境作业保护靴	保温性良好、导热系数小	—	—	5℃及以下的低温作业
振动防护鞋	衰减来自足部的振动，缓解振动对人体的伤害	—	—	存在剧烈振动环境的场合

二、足部防护鞋（靴）的选择和使用

1. 通用原则

（1）首先采取工程措施控制或降低有害因素。若工程控制措施因各种原因无法实施，或无法完全控制有害环境，以及在工程控制措施未生效期间，应选择相应的足部防护鞋（靴）。

（2）所选择的足部防护鞋（靴）应适用于工作和作业环境的特殊要求，同时不应引起其他危害。

（3）任何足部防护用品的防护功能都是有限的，使用者应接受培训，理解所选用的防护鞋（靴）功能的适用范围和局限性，掌握使用方法，并正确使用。

（4）为避免足部受到伤害，应根据工作场所的防护需求正确选择相应的防护鞋（靴）种类。在使用足部防护鞋（靴）之前，应检查其防护性能是否满足工作场所的需要。

（5）使用过程中应维护足部防护鞋（靴），延长使用寿命，一旦破损应停止使用。

2. 基于防护需求的选用原则

进入作业现场前，应对被识别的有害环境进行风险评价，并根据可被预知的风险因素及其可能造成的事故类型确定足部的防护需求，可参考附录 A 选择适合的足部防护鞋（靴），在选择前同时应注意以下问题：

（1）作业场所存在的风险因素是单一风险还是多种风险因素的组合，对于同时存在多种风险因素的情况，选择的防护鞋（靴）

宜尽可能同时防御各风险因素。

（2）足部防护鞋（靴）的级别是否能抵御足部可能受到的伤害，如果无法判断危害级别，选择的防护鞋（靴）宜能提供最高防护等级。

3. 基于人体工效特征的选用原则

当选择足部防护鞋（靴）时，应考虑人体工效特征，基本指标包括鞋（靴）的重量、舒适性和透气性等。

选择足部防护鞋（靴）首先应穿着舒适，并考虑以下因素：

（1）保护包头不应夹脚。

（2）鞋舌有软内垫，缓解对脚背的压力。

（3）内衬和内底应采用透气材料，并可增加抗菌功能，避免细菌感染。

（4）皮革类防护鞋（靴）应具有良好的透气性能（水蒸气透过率）和吸水性能（水蒸气系数），以改善鞋（靴）内潮湿环境。

4. 选用指南

（1）保护足趾鞋（靴）：

1）对于存在重物坠落或压脚的作业环境，应选择和使用保护足趾鞋（靴）。受过一次重物坠落或砸压损伤的保护足趾鞋（靴）不应继续使用。

2）对于存在重物坠落或压脚的作业环境，不同防护级别的保护足趾鞋（靴）的防砸功能应在防护范围内进行使用。

3）在磁性和带电作业的工作场所，保护足趾鞋（靴）的保护包头应采用非金属材料。

（2）防刺穿鞋（靴）。在磁性和带电作业的工作场所，防刺穿鞋（靴）的防刺穿垫应采用非金属材料。

（3）导电鞋（靴）。导电鞋（靴）应用于静电荷聚积会导致爆炸风险的作业场所，例如炸药处理。使用导电鞋（靴）应注意以下事项：

1）导电鞋（靴）不应在有电击风险的工作场所中使用。

2）导电鞋（靴）的电阻受屈挠、磨损、污染或潮湿影响，鞋（靴）的电阻和导电性能将发生改变，鞋（靴）将不能实现其预定功能。

3）在使用导电鞋（靴）的场所，地面电阻应符合导电要求。

4）对于可能导致导电性能变化的因素（如移走可移动的鞋垫，鞋垫出现磨损），建议每次进入该工作场所时应检测鞋（靴）的电阻值。

5）使用导电鞋（靴）时不能穿用绝缘袜或绝缘鞋垫。

（4）防静电鞋（靴）。防静电鞋（靴）能够消散静电荷，减少静电聚积，避免由于静电火花发生引燃或引爆的危险，使用防静电鞋（靴）应注意以下事项：

1）防静电鞋（靴）不应用于预防电击，不应当作电绝缘鞋（靴）使用。

2）防静电鞋（靴）的电阻受屈挠、磨损、污染或潮湿影响，鞋（靴）的电阻和导电性能将发生改变，鞋（靴）将不能实现其预定功能。

3）在使用防静电鞋（靴）的场所，地面电阻应符合导电要求。

4）对于可能导致导电性能变化的因素（如移走可移动的鞋垫，鞋垫出现磨损），建议每次进入该工作场所时应检测鞋（靴）的电阻值。

5）使用防静电鞋（靴）时不能穿用绝缘袜或绝缘鞋垫。

（5）电绝缘鞋（靴）。若工作场所存在电击风险，则应穿用电绝缘鞋（靴），使用电绝缘鞋（靴）应注意以下事项：

1）穿用电绝缘鞋（靴）时，在工作环境中应保持鞋面干燥。

2）在使用期限内电绝缘鞋（靴）应符合 GB 12011—2009 的

要求。

3）穿用电绝缘鞋（靴）时应避免接触锐器、高温物体及腐蚀性物质，鞋底被腐蚀或破损后，不能再用作电绝缘鞋（靴）。

4）若需在污染鞋底材料的场所穿用电绝缘鞋（靴），例如化学药品生产车间，进入这类危险区域时，应在显要位置设置能影响鞋（靴）的电绝缘性能的警告标志。

（6）耐化学品鞋（靴）。进入化学或化学原料相关场所作业，应使用耐化学品鞋（靴），选用时应注意以下事项：

1）在易燃易爆化学品作业中使用的鞋（靴），应同时具备防静电功能，建议每次进入该工作场所时应检测鞋（靴）的电阻值。

2）每种防化学伤害鞋（靴）都有它的适用性，仅对某些化学品有防护作用，使用者应参考制造商的使用指导，防护不同种类的化学品鞋（靴）不能混用。

（7）低温作业保护鞋（靴）。低温作业保护鞋（靴）内应带防寒内衬和内底，适用于寒冷天气的户外作业和食品冷库作业等寒冷环境作业。

（8）高温防护鞋（靴）。高温防护鞋（靴）具有鞋底隔热和外底耐接触热两种防护特征，应用在铸造厂、焊接作业或道路工程等高温作业环境中。在不损坏鞋（靴）的情况下，安装在高温防护鞋（靴）内的隔热层不应被移动。

（9）防滑鞋（靴）。鞋（靴）的防滑基本特征包括鞋（靴）底材料的防滑系数、防滑花纹面积、防滑外底厚度及花纹高度。根据不同地面及环境条件，选择相应防滑性能的防护鞋（靴）。

（10）防振鞋（靴）。防振鞋（靴）能起到减振作用，预防振动产生的不良影响。防振鞋（靴）应避免在积水、高温或寒冷的极端环境中使用，那将会影响鞋子的鞋座区域的能量吸收性能。鞋座区域严重变形或损坏的鞋（靴）不能用作防振鞋（靴）。

（11）防油鞋（靴）。防油鞋（靴）应避免接触尖锐物品。防燃油与防动植物油的防油鞋（靴）不能混用。易燃易爆的油类作业区域应穿用具有防静电功能的防油鞋（靴）。

（12）防水鞋（靴）。在积水或滴水的潮湿环境中，应穿着全橡胶或全聚合材料的防水鞋（靴）。防水鞋（靴）应避免接触尖锐物品。

5. 选用流程

当选择足部防护鞋（靴）时，可参照下面流程进行选择：

（1）对作业环境进行评价，识别造成足部伤害的主要因素。

（2）根据足部伤害因素中最大危害程度、危害范围、持续时间等，选择适合人体工效特征的足部防护鞋（靴）。

（3）评估足部防护鞋（靴）在工作中是否会带来其他伤害，如果妨碍工作或带来伤害将重新进行选择。

6. 选择示例

足部防护鞋（靴）的选择示例见表16。

表16　　足部防护鞋（靴）的选择（示例）

作业类别	工作环境的风险因素（被预知风险）及可能造成的事故类型	对应的防护特性	可选择或使用具有相应功能的足部防护鞋（靴）
存在物体坠落、撞击的作业	机械伤害 ——坠落物体 ——压力 ——锋利物体 ——滑	——抗砸 ——抗压 ——抗刺穿 —— 抗滑	保护足趾鞋（靴） 保护足趾鞋（靴） 防刺穿鞋（靴） 具有防滑功能的鞋（靴）
接触锋利器具作业	机械伤害 ——尖锐物 ——坠落物体	——抗刺穿 ——防砸	防刺穿鞋（靴） 保护足趾鞋（靴）
手持振动机械作业或人需承受全身振动的作业	机械伤害 ——震动或振动	——后跟能量吸收	防振鞋（靴）
在电气设备上及低压带电作业	电流伤害 ——带电作业（触电）	——电绝缘	电绝缘鞋（靴）

续表

作业类别	工作环境的风险因素（被预知风险）及可能造成的事故类型	对应的防护特性	可选择或使用具有相应功能的足部防护鞋（靴）
高温作业	热烧灼 ——热表面 ——热环境	——外底耐热 ——隔热	高温防护鞋（靴）
易燃易爆场所作业	火灾 ——静电荷积累	——抗静电	防静电鞋（靴）
可燃性粉尘场所作业	化学爆炸 ——静电荷积累 ——火药制造	——抗静电 ——抗静电	防静电鞋（靴） 导电鞋（靴）
高处作业	坠落 ——滑	——抗滑	具有防滑功能的鞋（靴）
腐蚀性作业	化学灼烧 ——化学品	——抗化	耐化学品鞋（靴）
井下作业或地下作业	滑倒、浸水、机械伤害 ——积水 ——滑 ——坠落物体 ——锋利物体	——防水 ——抗滑 ——抗砸 ——抗刺穿	矿工安全靴
水上作业	滑倒、浸水 ——积水 ——滑	——防水 ——抗滑	防水鞋（靴） 具有防滑功能的鞋（靴）

三、足部防护鞋（靴）的维护指南

1. 足部防护鞋（靴）的保养

（1）按照使用说明书的有关内容和要求实施检查、维护和储存。

（2）不应储存在潮湿环境中。

（3）在使用完后应进行清洁和定期保养，在恶劣环境中使用时，其使用有效期将会缩短。

（4）作业完成之后，潮湿的足部防护鞋（靴）和配件应放置在干燥通风处，但不应靠近热源，避免鞋（靴）过于干燥而导致龟裂。

（5）生产经营单位应确保必要的维修费用，对足部防护鞋（靴）产品说明书中提示可修复的缺陷，应予以修复后提供使用者使用。

（6）使用者应接受培训，理解和掌握维护方法和判废方法，并正确维护。

2. 外观缺陷检查

使用前应对足部防护鞋（靴）进行外观缺陷检查，若出现以下所述特征的鞋（靴）应判废：

（1）帮面出现明显裂痕，裂痕深及帮面厚度的一半（见图3a）。

（2）帮面出现严重磨损、包头外露（见图3b）。

（3）帮面变形、烧焦、融化或发泡，或腿部部分的裂开（见图3c）。

（4）鞋（靴）底裂痕长度大于10 mm，深度大于3 mm（见图3d）。

（5）帮底结合处的裂痕长度大于15 mm和深度大于5 mm，鞋（靴）出现穿透。

（6）防滑鞋（靴）防滑花纹高度低于1.5 mm（见图3e）。

（7）鞋（靴）的内底、内衬明显变形及破损。

注意检查内衬与包头边缘处，如有损坏可造成伤害，见图4。

3. 电性能检查

（1）导电鞋（靴）每穿用200 h应进行一次鞋（靴）电阻测试，

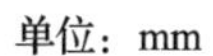

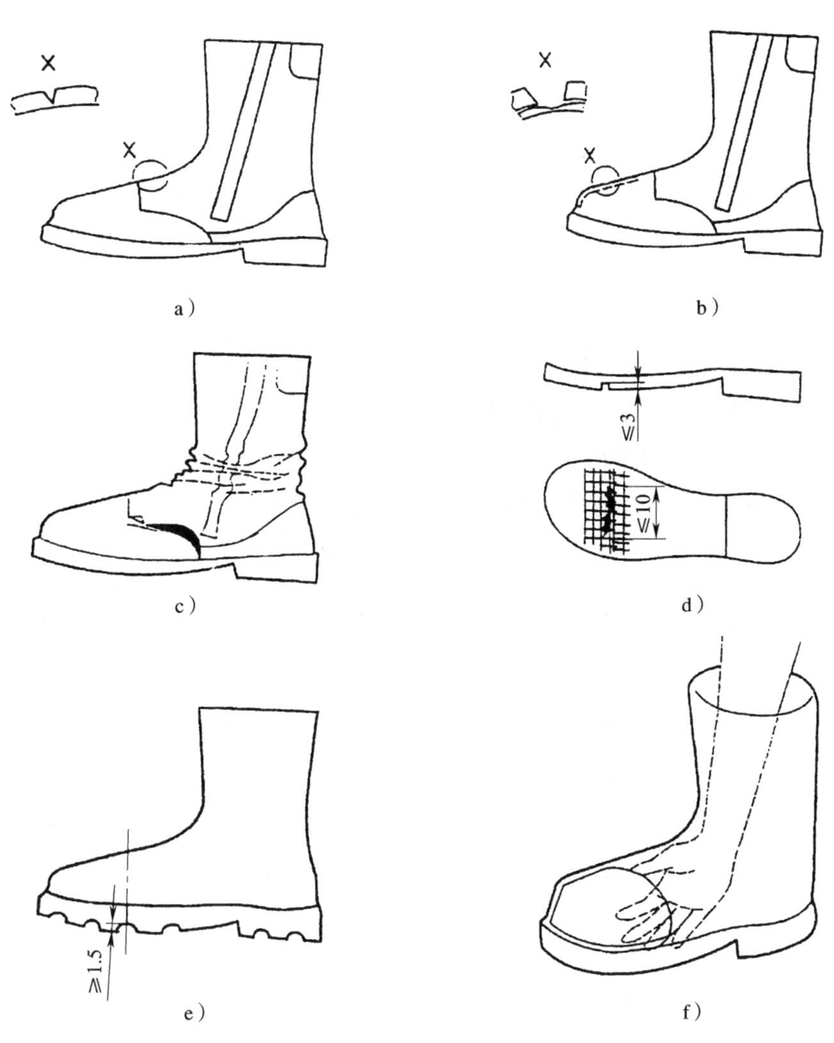

图 4 鞋的状态评估标准

若测试电阻值不在要求的范围内，则此鞋（靴）不能用作导电鞋（靴）。

（2）防静电鞋（靴）每穿用 200 h 应进行一次鞋（靴）电阻测

试，若测试电阻值不在3.4要求的范围内，则此鞋（靴）不能用作防静电鞋（靴）。

（3）电绝缘鞋（靴）每穿用六个月应进行一次电绝缘性能预防性检验，若不符合GB 12011—2009中4.2的电性能要求，则此鞋（靴）不得用作电绝缘鞋（靴）。

（4）应建立鞋（靴）的电性能检查档案，并将检查地点和检查时间以及检验人记录在案。

4. 判废

当出现下列情况之一，即予判废处理，包括：

（1）足部防护鞋（靴）在使用或保管储存期内遭到严重破损或超过有效使用期及储存期等。

（2）所选用的足部防护鞋（靴）经定期检验或抽查为不合格。

（3）出现使用说明书中规定的其他判废条件。

（4）如果防护鞋（靴）无法修复，应判废。

进行外观缺陷检查时，出现外观检查缺陷所述特征的鞋（靴）应判废。

第八招 腰系安全带 高处有依赖

——坠落防护装备选用

一、坠落防护装备分类

坠落防护装备有多种类型，见表17。

表17　坠落防护装备分类

防护装备名称		特点	分级	级别指标	参考适用范围
安全带	围杆作业安全带	将人体绑定在固定构造物附近，使作业人员的双手可以进行其他操作	—	—	电工、电信工、园林工等杆上作业。参见GB/T 23468—2009 第4、第5章
	区域限制安全带	限制作业人员的活动范围，避免其到达可能发生坠落区域	—	—	建筑、造船、安装、维修、起重、桥梁、采石、矿山、公路及铁路调车等高处作业。参见GB/T 23468—2009 第4、第5章
	坠落悬挂安全带	高处作业或登高人员发生坠落时，将作业人员安全悬挂	—	—	建筑、造船、安装、维修、起重、桥梁、采石、矿山、公路及铁路调车等高处作业。参见GB/T 23468—2009 第4、第5章
安全网	安全平网	安装平面不垂直于水平面，宽度不小于3 m，防止人、物坠落，或避免、减轻坠落及物击伤害	—	—	工作平面高于坠落高度基准面3 m及3 m以上的高处作业，参见GB/T 23468—2009 第4、第5章
	安全立网	安装平面垂直于水平面，宽（高）度不小于1.2 m，防止人、物坠落，或避免、减轻坠落及物击伤害	—	—	工作平面高于坠落高度基准面3 m及3 m以上的高处作业。 参见GB/T 23468—2009第4、第5章
	密目式安全立网	网眼孔径不大于ϕ12 mm，垂直于水平面安装，防止人、物坠落，或避免坠物伤害	A级	断裂强力×断裂伸长≥65 kN·mm	有坠落风险的场所，参见GB/T 23468—2009第4、第5章
			B级	断裂强力×断裂伸长≥50 kN·mm	在无坠落风险或配合安全立网（护栏）完成坠落保护功能时使用。参见GB/T 23468—2009第4、第5章

二、坠落防护装备配备要求

1. 安全带

（1）在距坠落高度基准面 2 m 及 2 m 以上，有发生坠落危险的场所作业，对个人进行坠落防护时，应使用坠落悬挂安全带或区域限制安全带。

（2）在距坠落高度基准面 2 m 及 2 m 以上进行杆塔作业，对个人进行坠落防护时，应使用围杆作业安全带或坠落悬挂安全带。

2. 安全网

（1）在施工中，如工作平面高于坠落高度基准面 3 m 及 3 m 以上，对人群进行坠落防护时，应在存在坠落危险的部位下方张挂安全平网。

（2）在施工中，如工作平面高于坠落高度基准面 3 m 及 3 m 以上，对人群进行坠落防护时，应在存在坠落危险的部位外侧垂直张挂安全立网，或垂直张挂 A 级密目式安全立网。

3. 配合使用

在实际作业中，应选择多种坠落防护装备配合使用，以达到更好的坠落防护效果。

三、坠落防护装备安全使用要求

1. 总则

（1）作业场所使用的坠落防护装备均应符合国家相关标准的要求，安全带应符合 GB 6095 的要求，安全网应符合 GB 5725 的要求。

（2）坠落防护装备的管理、使用、维护、检查人员应具备相关知识，按附录A的要求经过相关培训。

（3）当某些行业对于坠落防护装备的管理、使用有特定要求时，坠落防护装备应符合其相应的规定。

2. 安全带

（1）安全带的选配：

1）如工作平面存在某些可能发生坠落的脆弱表面（如玻璃、薄木板），则不应使用区域限制安全带，而应选择坠落悬挂安全带。

2）当在作业过程中需要提供作业人员部分或全部身体支撑，使作业人员双手可以从事其他工作时，则应使用围杆作业安全带。

3）当围杆作业安全带使用的固定构造物可能产生松弛、变形时，则不应使用围杆作业安全带，而应选择坠落悬挂安全带。

4）专门为区域限制安全带设计的零部件，不应用于围杆作业安全带及坠落悬挂安全带。

5）专门为围杆作业安全带设计的零部件，不应用于坠落悬挂安全带。

6）使用坠落悬挂安全带时，应根据使用者下方的安全空间大小选择具有适宜伸展长度的安全带，应保证发生坠落时，坠落者不会碰撞到任何物体。

7）安装挂点装置时，如使用的是水平柔性导轨，则在确定安全空间的大小时应充分考虑发生坠落时导轨的变形。

8）使用区域限制安全带时，其安全绳的长度应保证使用者不会到达可能发生坠落的位置，并在此基础上具有足够的长度，能够满足工作的需要。

9）当安全带用于悬吊作业、救援、非自主升降时，应符合GB 6095中附录C的要求。

（2）安全带的使用：

1）使用安全带前应检查各部位是否完好无损，安全绳、系带有无撕裂、开线、霉变，金属配件是否有裂纹、是否有腐蚀现象，弹簧弹跳性是否良好，以及其他影响安全带性能的缺陷。如发现存在影响安全带强度和使用功能的缺陷，则应立即更换。

2）安全带应拴挂于牢固的构件或物体上，应防止挂点摆动或碰撞。

3）使用坠落悬挂安全带时，挂点应位于工作平面上方。

4）使用安全带时，安全绳与系带不能打结使用。

5）高处作业时，如安全带无固定挂点，应将安全带挂在刚性轨道或具有足够强度的柔性轨道上，禁止将安全带挂在移动或带尖锐棱角的或不牢固的物件上。

6）使用中，安全绳的护套应保持完好，若发现护套损坏或脱落，必须加上新套后再使用。

7）安全绳（含未打开的缓冲器）不应超过 2 m，不应擅自将安全绳接长使用，如果需要使用 2 m 以上的安全绳应采用自锁器或速差式防坠器。

8）使用围杆作业安全带时，应采取有效措施防止意外滑落。宜配合坠落悬挂安全带使用。

9）使用中，不应随意拆除安全带各部件。

10）使用连接器时，受力点不应在连接器的活门位置。

注：螺纹式连接器除外。

（3）安全带的保管与存放：

1）安全带不使用时，应由专人保管。存放时，不应接触高温、明火、强酸、强碱或尖锐物体，不应存放在潮湿的地方。

2）储存时，应对安全带定期进行外观检查，发现异常必须立即更换，检查频次应根据安全带的使用频率确定。

3. 安全网

（1）安全网的选配与安装：

1）安全网的安装工作应由专业人士进行。

2）安全网的安装位置应尽可能远离高压线缆、塔吊及其他移动机械，并远离焊接作业、喷灯、烟囱、锅炉、热力管道等热源。

3）安全网的安装平面应易于到达，便于安全网的检查、清理、维修、更换以及对坠落者进行救援。

4）平网的安装平面应尽可能地靠近工作平面。

5）立网、密目网的安装平面应垂直于水平面，严禁作为平网使用。

6）安装安全网时，每根系绳都应与构架系结，四周边绳（边缘）应与支架贴紧，系结应符合打结方便、连结牢固，工作中受力不散脱的原则。

7）安装时，安全网网面不宜绷得过紧或过松，网边与作业边缘最大间隙不应超过 10 cm。

8）安装平网时，其初始下垂不应超过短边长度的 10%。

9）安装好的平网，网面与下方物体表面的最小距离不应小于其短边长度。

10）根据可能发生坠落的高度，平网的拦接宽度不应小于 GB/T 3608—2008 附录 A 中规定的可能坠落范围半径。

11）安装好的安全网应经专人检查、验收合格后，方可使用。

（2）安全网的使用：

1）立网或密目网拴挂好后，人员不应倚靠在网上或将物品堆积靠压立网或密目网。

2）平网不应用作堆放物品的场所，也不应作为人员通道，作业人员不应在平网上站立或行走。

3）不应将安全网在粗糙或有锐边（角）的表面拖拉。

4）焊接作业应尽量远离安全网，应避免焊接火花落入网中。

5）应及时清理安全网上的落物，当安全网受到较大冲击后应及时更换。

6）平网下方的安全区域内不应堆放物品，平网上方有人工作时，人员、车辆、机械不应进入此区域。

（3）安全网的现场检查、修理及储存：

1）对使用中的安全网，应由专人每周进行一次现场检查，并对检查情况进行记录，如发现下列问题，则视情况严重程度立即对安全网进行修理或更换：

——网体、网绳及支撑框架是否有严重变形或磨损；

——安全网是否承接过坠落或其他形式的负载（通常表现为网的局部变形）；

——所有挂点装置是否完好且工作正常，有无系绳松脱等现象；

——网上是否有碎物或附着物，如有，是否对安全网造成损伤；

——安全网是否发生霉变；

——网上是否有破洞或绳断裂现象。

2）对安全网的修理工作应由专业人士进行，修理安全网使用的材料应与原网相配，修理后安全网的强度应不低于原网强度，修理完成后必须经专业人士确认合格方可继续使用。

3）同一张安全网上的修理部位不应超过2处，否则应立即更换。

4）安全网在修理、更换过程中，应设立明显的警告标志，警示上方的作业人员不应进入由此安全网保护的区域。

5）对于不使用的安全网，应由专人保管、储存，储存要求如下：

——通风、避免阳光直射；

——储存于干燥环境；

——不应在热源附近储存；

——避免接触腐蚀性物质或化学品，如酸、染色剂、有机溶剂、汽油等。

四、坠落防护装备使用期限

（1）围杆作业安全带应在制造商规定的期限内使用，一般不应超过 3 年。

（2）区域限制安全带应在制造商规定的期限内使用，一般不应超过 5 年。

（3）坠落悬挂安全带应在制造商规定的期限内使用，一般不应超过 5 年。如发生坠落事故，则应由专人进行检查，如有影响性能的损伤，则应立即更换。

（4）平网、立网应在制造商规定的期限内使用，一般不应超过 3 年。如发生人员坠落事故，或重量大于 50 kg 的物体坠落事故，则应立即更换。

（5）密目网应在制造商规定的期限内使用，一般不应超过 2 年。如发生人员坠落事故，或重量大于 50 kg 的物体坠落事故，则应立即更换。

（6）超过使用期限的坠落防护用品，如有必要继续使用，则应每半年抽样检验一次，合格后方可继续使用。

（7）如坠落防护用品的使用环境特别恶劣，或使用频率格外频繁，则应相应缩短其使用期限。

五、坠落防护装备标识管理规定

（1）使用单位购入坠落防护装备时，应检查其是否具有由国家授权的检验机构出具的产品检验报告，并查验产品标识是否齐全，应检查下列内容是否完整、正确并记录、存档：

——产品合格证；

——产品名称；

——产品规格型号；

——生产单位名称、地址；

——生产日期；

——有效期限；

——国家有关部门规定的标志、编号。

（2）使用旧的坠落防护装备时，应检查核对产品生产日期，确认其仍在有效使用期内。

第九招 皮肤若外露 防护要做足

——皮肤防护用品选用

一、皮肤防护用品分类

1. 按防护功能分类

按功能分，皮肤防护用品有多种类型，见表18。

表18　皮肤防护用品分类

防护装备名称	特点	分级	级别指标	参考适用范围
防水型护肤剂	防止水溶性物质直接刺激皮肤	—	—	适用于存在水溶性物质作业场所，不适用与尘毒场所
防油型护肤剂	防止油污对皮肤造成伤害	—	—	适用于存在油污作业的场所
遮光型护肤剂	防止皮肤受光线照射受到伤害	—	—	适用于存在光照危害的场所

续表

防护装备名称	特点	分级	级别指标	参考适用范围
洁肤型护肤剂	能清除皮肤上的油、尘、毒沾污，包括需水洗涤剂和不需水干洗膏两种	—	—	适用于存在污物作业环境
驱避型护肤剂	驱避蚊、蠓等刺叮骚扰性害虫	—	—	适用于野外有蚊、蠓等害虫环境

2. 按形态分类

按形态分，皮肤防护用品分为防护膏、防护膜和清洗剂。

二、皮肤防护用品使用

1. 防护膏

防护膏主要是由基质与充填剂两部分组成。基质为膏的基本成分，一般为流质、半流质和脂状物质，其作用是增加涂展性，即对皮肤的附着性，从而能隔绝有害物质的浸入。

充填剂则决定防护膏的防护效能，具有针对性。由于采用不同的充填剂而获得的防护膏种类很多，常见的防护膏如下：

（1）亲水型防护膏。亲水型防护膏由硬脂酸、碳酸钠、甘油、香料和水适当比例配合而成。这种防护膏含油分较少，长时间不盖紧存放，会因水分蒸发而变硬固化，应予注意。

亲水型防护膏对防御机械油、矿物油、石蜡、痤疮等有一定效果。

（2）疏水型防护膏。这类防护膏含油脂较多，在皮肤表面形成疏水性膜，堵塞皮肤毛孔，能防止水溶性物质的直接刺激。膏的成分常用凡士林、羊毛脂、蓖子油、鲸蜡、蜂蜡为基质，用氧化镁、次硝酸铋、氧化锌、硬酯酸镁等为充填剂。选用其中几种适宜比例配合制成。

疏水型防护膏能预防酸、碱、盐类溶液对皮肤所引起的皮炎。

这类防护膏因有一定黏着性，不宜在有尘毒的作业环境中使用。

（3）遮光性防护膏。有些物质黏附在皮肤上时，再经光线照射后会引起皮肤发炎和刺痛，这种经光线照射后助长对皮肤刺激反应的化学物质叫光敏性物质，如沥青、焦油等。

遮光型防护膏不仅要防光敏物质附着在皮肤上，而且还应有遮断光线的作用。遮断光线的物质有氧化锌、二氧化钛等，主要是利用这些物质为白色能反射光的原理，另一类物质是对光有吸收作用，如盐酸奎宁、柳酸苯酯、阿地平等。前者的遮光效果较好，只是用料较多，防护膏呈白色，涂抹在脸上呈现一层白粉，有碍雅观。需要注意的是，遮光型防护膏的基质不宜采用凡士林、植物油或其他能溶解光敏物质的油脂，避免皮肤对毒物吸收引起不良反应。

2. 防护膜

防护膜又称隐形皮肤。这种防护膜附着在皮肤表面，阻止有害物对皮肤的刺激和吸收作用。

3. 清洗剂

（1）清洗液。清洗液用硅酸钠、烷基酸聚氧化烯（10）醚、甘油、氯化钠、香精等原料，适量比例配合而成，对各种油污和尘垢有较好的除污作用，对皮肤无毒、无刺激且能滋润皮肤，防糙裂、除异味。

适用于汽车修理、机械维修、机床加工、钳工装配、煤矿采挖、石油开采、原油提炼、印刷油印、设备清洗等行业。

（2）干洗膏。干洗膏是在无水情况下除去皮肤上油污的膏体。

这类产品适用于在无水情况下去除手上的油污，如汽车司机在途中检修排除故障，在野外勘探等环境。

附件 1　作业类别识别

按照工作环境中主要危险特征及工作条件特点分为 39 种作业类别，见表 19。

表19　　作业类别及主要危险特征举例

编号	作业类别	说明	可能造成的事故类型	举例
1	存在物体坠落、撞击的作业	物体坠落或横向上可能有物体相撞的作业	物体打击与碰撞	建筑安装、桥梁建设、采矿、钻探、造船、起重、森林采伐
2	有碎屑飞溅的作业	加工过程中可能有切屑飞溅的作业		破碎、锤击、铸件切削、砂轮打磨、高压流体清洗
3	操作转动机械作业	机械设备运行中引起的绞、碾等伤害的作业	机械伤害	机床、传动机械
4	接触锋利器具作业	生产中使用的生产工具或加工产品易对操作者产生割伤、刺伤等伤害的作业		金属加工的打毛清边、玻璃装配与加工
5	地面存在尖利器物的作业	工作平面上可能存在对工作者脚部或腿部产生刺伤伤害的作业	其他	森林作业、建筑工地
6	手持振动机械作业	生产中使用手持振动工具，直接作用于人的手臂系统的机械振动或冲击作业	机械伤害	风钻、风铲、油锯
7	人承受全身振动的作业	承受振动或处于不易忍受的振动环境中的作业		田间机械作业驾驶、林业作业
8	铲、装、吊、推机械操作作业	各类活动范围较小的重型采掘、建筑、装载起重设备的操作与驾驶作业	其他运输工具伤害	操作铲机、推土机、装卸机、天车、龙门吊、塔吊、单臂起重机等机械
9	低压带电作业	额定电压小于1 kV的带电操作作业	电流伤害	低压设备或低压线路带电维修
10	高压带电作业	额定电压大于或等于1 kV的带电操作作业		高压设备或高压线路带电维修

续表

编号	作业类别	说明	可能造成的事故类型	举例
11	高温作业	在生产劳动过程中，其工作地点平均 WBGT 指数等于或大于 25℃的作业，如热的液体、气体对人体的烫伤，热的固体与人体接触引起的灼伤，火焰对人体的烧伤以及炽热源的热辐射对人体的伤害	热烧灼	熔炼、浇注、热轧、锻造、炉窑作业
12	易燃易爆场所作业	易燃易爆品失去控制的燃烧引发火灾	火灾	接触火工材料、易挥发易燃的液体及化学品、可燃性气体的作业，如汽油、甲烷等
13	可燃性粉尘场所作业	工作场所中存有常温、常压下可燃固体物质粉尘的作业	化学爆炸	接触可燃性化学粉尘的作业，如铝镁粉等
14	高处作业	坠落高度基准面大于 2 m 的作业	坠落	室外建筑安装、架线、高崖作业、货物堆砌
15	井下作业	存在矿山工作面、巷道侧壁的支护不当、压力过大造成的坍塌或顶板坍塌，以及高势能水意外流向低势能区域的作业	冒顶片帮、透水	井下采掘、运输、安装
16	地下作业	进行地下管网的铺设及地下挖掘的作业		地下开拓建筑安装

续表

编号	作业类别	说明	可能造成的事故类型	举例
17	水上作业	有落水危险的水上作业	影响呼吸	水上作业平台、水上运输、木材水运、水产养殖与捕捞
18	潜水作业	需潜入水面以下的作业		水下采集、救捞、水下养殖、水下勘查、水下建造、焊接与切割
19	吸入性气相毒物作业	工作场所中存有常温、常压下呈气体或蒸气状态、经呼吸道吸入能产生毒害物质的作业	毒物伤害	接触氯气、一氧化碳、硫化氢、氯乙烯、光气、汞的作业
20	密闭场所作业	在空气不流通的场所中作业，包括在缺氧即空气中含氧浓度小于18%和毒气、有毒气溶胶超过标准并不能排除等场所中作业	影响呼吸	密闭的罐体、房仓、孔道或排水系统、炉窑、存放耗氧器具或生物体进行耗氧过程的密闭空间
21	吸入性气溶胶毒物作业	工作场所中存有常温、常压下呈气溶胶状态、经呼吸道吸入能产生毒害物质的作业	毒物伤害	接触铝、铬、铍、锰、镉等有毒金属及其化合物的烟雾和粉尘、沥青烟雾、矽尘、石棉尘及其他有害的动（植）物性粉尘的作业
22	沾染性毒物作业	工作场所中存有能黏附于皮肤、衣物上，经皮肤吸收产生伤害或对皮肤产生毒害物质的作业		接触有机磷农药、有机汞化合物、苯和苯的二及三硝基化合物、放射性物质的作业

续表

编号	作业类别	说明	可能造成的事故类型	举例
23	生物性毒物作业	工作场所中有感染或吸收生物毒素危险的作业	毒物伤害	有毒性动植物养殖、生物毒素培养制剂、带菌或含有生物毒素的制品加工处理、腐烂物品处理、防疫检验
24	噪声作业	声级大于 85 dB 的环境中的作业	其他	风钻、气锤、铆接、钢筒内的敲击或铲锈
25	强光作业	强光源或产生强烈红外辐射和紫外辐射的作业	辐射伤害	弧光、电弧焊、炉窑作业
26	激光作业	激光发射与加工的作业		激光加工金属、激光焊接、激光测量、激光通讯
27	荧光屏作业	长期从事荧光屏操作与识别的作业		计算机操作、电视机调试
28	微波作业	微波发射与使用的作业		微波机调试、微波发射、微波加工与利用
29	射线作业	产生电离辐射的、辐射剂量超过标准的作业		放射性矿物的开采、选矿、冶炼、加工、核废料或核事故处理、放射性物质使用、X 射线检测
30	腐蚀性作业	产生或使用腐蚀性物质的作业	化学烧灼	二氧化硫气体净化、酸洗、化学镀膜

续表

编号	作业类别	说明	可能造成的事故类型	举例
31	易污作业	容易污秽皮肤或衣物的作业	其他	炭黑、染色、油漆、有关的卫生工程
32	恶味作业	产生难闻气味或恶味不易清除的作业	影响呼吸	熬胶、恶臭物质处理与加工
33	低温作业	在生产劳动过程中，其工作地点平均气温等于或低于5℃的作业	影响体温调节	冰库
34	人工搬运作业	通过人力搬运，不使用机械或其他自动化设备的作业	其他	人力抬、扛、推、搬移
35	野外作业	从事野外露天作业	影响体温调节	地质勘探、大地测量
36	涉水作业	作业中需接触大量水或须立于水中	其他	矿井、隧道、水力采掘、地质钻探、下水工程、污水处理
37	车辆驾驶作业	各类机动车辆驾驶的作业	车辆伤害	汽车驾驶
38	一般性作业	无上述作业特征的普通作业	其他	自动化控制、缝纫、工作台上手工胶合与包装、精细装配与加工
39	其他作业	A01~A38 以外的作业		

注：实际工作中涉及多项作业特征的，为综合作业。

附件 2　个体防护装备使用期限

个体防护装备使用期限见表 20。

表20 个体防护装备使用期限

作业类别	典型工种	一般个体防护装备								特种个体防护装备																								其他
		普通防护服	普通工作帽	普通工作鞋	劳动防护手套	防寒服	雨衣	胶靴	耳塞（耳罩）	安全鞋	防刺穿鞋	电绝缘鞋	防静电鞋	耐酸碱皮鞋	耐酸碱胶鞋	胶面防砸安全靴	防静电工作服	防酸工作服	阻燃防护服	绝缘服	防电弧服	带电作业屏蔽服	安全带	平网	密目式安全立网	安全帽	焊接面罩	防冲击护目镜	防尘口罩	过滤式防毒面具	空气呼吸器	自救器	太阳镜	
存在物体坠落撞击的作业	砌筑工	18	24		*n*	36	36			12	12					18										18			*n*					
有碎屑飞溅的作业	钳工	24	24		*n*	48				12	12															*n*		*n*						
	木工	18	18		*n*	36	*n*			12	12					*n*										18		*n*	*n*					
操作转动机械作业	挡车工	24	12	18					*n*																			*n*						
	车工	24	24							12	12																	*n*						
	绕线工	18	18		*n*					12	12																	*n*						
	中小型机械操作工	18	18		*n*	36	36			12						36												*n*						
	石棉纺织工	30	24	*n*	*n*	*n*		36																				*n*	*n*					

续表

作业类别	典型工种	一般个体防护装备								特种个体防护装备																								其他
		普通防护服	普通工作帽	普通工作鞋	劳动防护手套	防寒服	雨衣	胶靴	耳塞（耳罩）	安全鞋	防刺穿鞋	电绝缘鞋	防静电鞋	耐酸碱皮鞋	耐酸碱胶鞋	胶面防砸安全靴	防静电工作服	防酸工作服	阻燃防护服	绝缘服	防电弧服	带电作业屏蔽服	安全带	平网	密目式安全立网	安全帽	焊接面罩	防冲击护目镜	防尘口罩	过滤式防毒面具	空气呼吸器	自救器	太阳镜	
接触使用锋利器具作业	玻璃切裁工	18	18			36				12	12																	n	n					防机械伤害手套 n
	带锯工	18	18			48	3			12	12					n												n	n					防机械伤害手套 n
	皮鞋划裁工	24	24	n	n																													
地面存在尖利器物的作业	拉丝工	18	18		n	48				12	12															24		n						
手持振动机械作业	开挖钻工	18	18		n	36	36		n	12	12					24							n			18		n	n					
人承受全身振动的作业	农艺工	30	30	24		48	n	36																										

续表

作业类别	典型工种	一般个体防护装备								特种个体防护装备																								其他
		普通防护服	普通工作帽	普通工作鞋	劳动防护手套	防寒服	雨衣	胶靴	耳塞（耳罩）	安全鞋	防刺穿鞋	电绝缘鞋	防静电鞋	耐酸碱皮鞋	耐酸碱胶鞋	胶面防砸安全靴	防静电工作服	防酸工作服	阻燃防护服	绝缘服	防电弧服	带电作业屏蔽服	安全带	平网	密目式安全立网	安全帽	焊接面罩	防冲击护目镜	防尘口罩	过滤式防毒面具	空气呼吸器	自救器	太阳镜	
铲、装、吊、推机械操作作业	安装起重工	18	18		*n*	36	36			12	12					*n*							*n*			24								
低压带电作业	电工	18	18			36	36			12		12				24				*n*			*n*			*n*		*n*						绝缘手套 *n*
	电焊工				*n*	36				12	12								12	*n*						*n*	*n*			*n*				
高压带电作业	电系操作工	18	18			36	36			12		12				24				*n*	*n*	*n*												绝缘手套 *n*
高温作业	铸造工					36				12	12								12							24		*n*	*n*					防强光、紫外线、红外线护目镜或面罩 *n* 防热阻燃鞋 12

续表

作业类别	典型工种	一般个体防护装备								特种个体防护装备																								其他
		普通防护服	普通工作帽	普通工作鞋	劳动防护手套	防寒服	雨衣	胶靴	耳塞（耳罩）	安全鞋	防刺穿鞋	电绝缘鞋	防静电鞋	耐酸碱皮鞋	耐酸碱胶鞋	胶面防砸安全靴	防静电工作服	防酸工作服	阻燃防护服	绝缘服	防电弧服	带电作业屏蔽服	安全带	平网	密目式安全立网	安全帽	焊接面罩	防冲击护目镜	防尘口罩	过滤式防毒面具	空气呼吸器	自救器	太阳镜	
高温作业	热力运行工									12									12															防热阻燃鞋 12
	炉前工					48				12	12								12							24			*n*					
	砖瓦成型工	18	18		*n*	*n*	*n*			12						12													*n*					
易燃易爆场所作业	加油站操作工				*n*	48	18			18			18			36	18																	耐油鞋 18 耐油靴 36
	液化石油气罐装工				*n*	*n*				12			12				12																	
可燃性粉尘作业场所	采煤工		*n*		*n*		36	36								6	12									*n*		*n*	*n*					
高处作业	机舱拆卸工	18	18		*n*	48	36			12	12					30							*n*			18		*n*	*n*					
	安装起重工	18	18		*n*	36	36			12	12					*n*							*n*			24								
	电工	18	18			36	36			12		12				24							*n*			*n*		*n*						绝缘手套 *n*
	灯塔工	18	18		*n*	36	36			18						*n*												*n*						

续表

作业类别	典型工种	一般个体防护装备								特种个体防护装备																								其他
		普通防护服	普通工作帽	普通工作鞋	劳动防护手套	防寒服	雨衣	胶靴	耳塞（耳罩）	安全鞋	防刺穿鞋	电绝缘鞋	防静电鞋	耐酸碱皮鞋	耐酸碱胶鞋	胶面防砸安全靴	防静电工作服	防酸工作服	阻燃防护服	绝缘服	防电弧服	带电作业屏蔽服	安全带	平网	密目式安全立网	安全帽	焊接面罩	防冲击护目镜	防尘口罩	过滤式防毒面具	空气呼吸器	自救器	太阳镜	
井下作业	采煤工		*n*		*n*		36	36								6	12									*n*		*n*	*n*			*n*		
地下作业	隧道工	18	18		*n*	36	36		*n*	12						*n*										24		*n*	*n*			*n*		
水上作业	船舶水手	18	18		*n*	36	36			18						36																		
潜水作业	海难救生员																																	潜水服 *n*
吸入性气相毒物作业	机械煤气发生炉工		18		*n*	36	36			12									12							*n*				*n*				
	釉料工	24	24	*n*	*n*																													
	化工操作工					48	48			18				18	48	48	18	18								30		*n*	*n*	*n*				耐酸碱手套 *n*
密闭场所作业	下水道工	18	18	18		36	36	24	*n*																	24		*n*		*n*	*n*			
吸入性气溶胶毒物作业	喷砂工	18	18		*n*	36	*n*			12	12					*n*										*n*		*n*	*n*					
	制铅粉工		18			36				12				12				12								*n*			*n*	*n*				
	研磨工	24	24		*n*	*n*				18																		*n*	*n*					
	钨铜粉末制造工	*n*	*n*		*n*	*n*				12																		*n*	*n*					

续表

作业类别	典型工种	一般个体防护装备								特种个体防护装备																								其他
		普通防护服	普通工作帽	普通工作鞋	劳动防护手套	防寒服	雨衣	胶靴	耳塞（耳罩）	安全鞋	防刺穿鞋	电绝缘鞋	防静电鞋	耐酸碱皮鞋	耐酸碱胶鞋	胶面防砸安全靴	防静电工作服	防酸工作服	阻燃防护服	绝缘服	防电弧服	带电作业屏蔽服	安全带	平网	密目式安全立网	安全帽	焊接面罩	防冲击护目镜	防尘口罩	过滤式防毒面具	空气呼吸器	自救器	太阳镜	
沾染性毒物作业	电镀工					36				12				12	36	36		12												*n*				防酸碱手套 *n* 防腐蚀液护目镜 *n*
	油漆工		18		*n*	36				12			12				12													*n*				防腐蚀液护目镜 *n*
	合成药化学操作工		18		*n*	18				18			18			24	12												*n*					防腐蚀液护目镜 *n*
生物性毒物作业	尸体防腐工	24	*n*	*n*	*n*	48	48	36																						*n*				
噪声作业	泵站操作工	24	24			36	36			12						18																		

续表

作业类别	典型工种	一般个体防护装备								特种个体防护装备																								其他
		普通防护服	普通工作帽	普通工作鞋	劳动防护手套	防寒服	雨衣	胶靴	耳塞（耳罩）	安全鞋	防刺穿鞋	电绝缘鞋	防静电鞋	耐酸碱皮鞋	耐酸碱胶鞋	胶面防砸安全靴	防静电工作服	防酸工作服	阻燃防护服	绝缘服	防电弧服	带电作业屏蔽服	安全带	平网	密目式安全立网	安全帽	焊接面罩	防冲击护目镜	防尘口罩	过滤式防毒面具	空气呼吸器	自救器	太阳镜	
强光作业	电焊工				n	36				12	12								12							n	n			n				
	炉前工					48				12	12								12							24			n					
激光作业	电视机调适工	24																																防激光护目镜 n
荧光屏作业	计算机调试工		24										18				18																	
微波作业	超声探伤工					36	36		n	12	12					48													n					防放射性服 12 防水手套 n
	无线电导航发射工	24	24	24																														防微波护目镜 n 带电作业屏蔽服 n

续表

作业类别	典型工种	一般个体防护装备								特种个体防护装备																								其他
		普通防护服	普通工作帽	普通工作鞋	劳动防护手套	防寒服	雨衣	胶靴	耳塞（耳罩）	安全鞋	防刺穿鞋	电绝缘鞋	防静电鞋	耐酸碱皮鞋	耐酸碱胶鞋	胶面防砸安全靴	防静电工作服	防酸工作服	阻燃防护服	绝缘服	防电弧服	带电作业屏蔽服	安全带	平网	密目式安全立网	安全帽	焊接面罩	防冲击护目镜	防尘口罩	过滤式防毒面具	空气呼吸器	自救器	太阳镜	
射线作业	CT 组装调试工		18		*n*					18			18				12																	
	水产品干燥工	24	24	24	*n*	36	36	36																										
腐蚀性作业	酸洗工					48				12				12	*n*	*n*		12								24				*n*				防腐蚀液护目镜 *n* 防酸碱手套 *n*
	电解工					*n*				12				12				18											*n*					防腐蚀液护目镜 *n* 防酸碱手套 *n*

续表

作业类别	典型工种	一般个体防护装备								特种个体防护装备																								其他
		普通防护服	普通工作帽	普通工作鞋	劳动防护手套	防寒服	雨衣	胶靴	耳塞（耳罩）	安全鞋	防刺穿鞋	电绝缘鞋	防静电鞋	耐酸碱皮鞋	耐酸碱胶鞋	胶面防砸安全靴	防静电工作服	防酸工作服	阻燃防护服	绝缘服	防电弧服	带电作业屏蔽服	安全带	平网	密目式安全立网	安全帽	焊接面罩	防冲击护目镜	防尘口罩	过滤式防毒面具	空气呼吸器	自救器	太阳镜	
易污作业	道路清扫工	24	24	18	*n*	36	36	48																					*n*					
	成衫染色工		12		*n*	*n*								6	6			18																
	油墨颜料制作工		18							12																								耐油手套 *n* 防油鞋 12 防油服 12
恶味作业	沥青加工工	18	18			36	36			12						18										24		*n*		*n*	*n*			防水手套 *n*
	炼胶工	18	18		*n*	48				12						30													*n*					
低温作业	冷藏工	24	24		*n*	36				18	18					24																		
人工搬运作业	商品送货员	24	24		*n*	48	36			18	18					30																		
	仓库保管工		24		*n*					18							18																	

续表

作业类别	典型工种	一般个体防护装备								特种个体防护装备																								其他
		普通防护服	普通工作帽	普通工作鞋	劳动防护手套	防寒服	雨衣	胶靴	耳塞（耳罩）	安全鞋	防刺穿鞋	电绝缘鞋	防静电鞋	耐酸碱皮鞋	耐酸碱胶鞋	胶面防砸安全靴	防静电工作服	防酸工作服	阻燃防护服	绝缘服	防电弧服	带电作业屏蔽服	安全带	平网	密目式安全立网	安全帽	焊接面罩	防冲击护目镜	防尘口罩	过滤式防毒面具	空气呼吸器	自救器	太阳镜	
野外作业	矿山地质工	36	*n*	*n*		*n*	*n*	*n*																				*n*					*n*	
涉水作业	水产养殖工	24	*n*	*n*	*n*	*n*	36	36																										
车辆驾驶作业	机车司机	18	18	24	*n*	48	48																					*n*					*n*	
	汽车驾驶员	18	18	*n*	48	*n*	*n*																										*n*	

注：表中提供的具体时间是最低要求，其中 *n* 代表使用年限，可以由企业在产品说明书标注的使用期限内决定。企业可根据实际情况，参照本标准 7.1 进行判废。企业可根据防护用品的使用条件、选择产品的耐用性、使用强度，结合自身经济条件，建立企业内部的更换、报废条件或期限，但不能超过产品说明书标注的使用年限。